住房和城乡建设行业技能人员知识丛书

灌 浆 工

王志勇 周长安 主编
张 意 林 昕 李民伦 杨 旋 副主编

中国环境出版集团·北京

图书在版编目（CIP）数据

灌浆工 / 王志勇，周长安主编. —北京：中国环境出版集团，2022.1
（住房和城乡建设行业技能人员知识丛书）
ISBN 978-7-5111-3734-0

Ⅰ. ①灌…　Ⅱ. ①王…　②周…　Ⅲ. ①灌浆—施工技术—技术培训—教材　Ⅳ. ①TU755.6

中国版本图书馆 CIP 数据核字（2022）第 020893 号

出 版 人　武德凯
责任编辑　张于嫣
责任校对　任　丽
封面设计　彭　杉

出版发行　中国环境出版集团
（100062　北京市东城区广渠门内大街 16 号）
网　　址：http：//www.cesp.com.cn
电子邮箱：bjgl@cesp.com.cn
联系电话：010-67112765（编辑管理部）
010-67112739（第三分社）
发行热线：010-67125803，010-67113405（传真）

印　　刷　北京中科印刷有限公司
经　　销　各地新华书店
版　　次　2022 年 3 月第 1 版
印　　次　2022 年 3 月第 1 次印刷
开　　本　787×1092　1/16
印　　张　12.25
字　　数　270 千字
定　　价　58.00 元

编 委 会

主　　编： 王志勇　周长安

副 主 编： 张　意　林　昕　李民伦　杨　旋

主　　审： 唐小林　陈怡宏

编写人员： 王清江　伍任雄　李　潇　尚玉东　张志远　冯　颖
孙惠芬　黄　凤　刘开兰　陈　宇　梁汉之　饶　毅
袁　勇　邓海英　王　悦　范洁群　叶建雄　戴广亮
何　敏　罗庆志　邹　倩　张　健　陈　博　冯庆敏
周　瑜　张　宇　段文川　聂　真　史灵玉　庞道济
刘远良　黄乐鹏　王春艳　舒　唯　周　杨　曾珏博
龚应明　吴正全　张中国

前　言

为培育装配式混凝土建筑技能人才队伍，推动装配式混凝土建筑的全面发展，以促进建筑业的转型升级和高质量发展，我们邀请了多位知名专家和学者，通过对预制构件生产的经验总结以及对装配式混凝土建筑工程项目的实地考察，建立了一套科学的装配式混凝土建筑建造理论体系，结合实践经验和理论知识，参考有关国家标准及行业标准，共同编写了“住房和城乡建设行业技能人员知识丛书”，为装配式混凝土建筑技能人才培养提供服务，以提升从业人员的职业技能，进一步提高工程质量和安全生产水平。

“住房和城乡建设行业技能人员知识丛书”包括《构件制作工》《构件装配工》《灌浆工》《预埋工》《打胶工》《钢筋加工配送工》《内装部品组装工》，共7本。内容翔实、图文并茂、通俗易懂，涵盖了装配式混凝土建筑技术工人必须掌握的理论知识和操作技能，使其全面掌握装配式混凝土建筑生产、施工的标准要求和工艺操作要领，以满足装配式混凝土建筑技能人才培养的实际需要。

本书是“住房和城乡建设行业技能人员知识丛书”之一，由基础理论与操作技能两大部分组成，内容包括基本知识、工程建设法律法规、综合素养、灌浆工岗位基础知识、灌浆作业准备、接缝封堵与分仓作业、灌浆施工、拓展知识。

本书由重庆市建筑业协会组织编写，主编由重庆工商职业学院王志勇、重庆市住房和城乡建设工程质量总站周长安担任，副主编由重庆建工住宅建设有限公司张意、重庆工商职业学院林昕、重庆建筑高级技工学校李民伦、重庆市建设岗位培训中心杨旋担任。重庆市建设岗位培训中心张志远、冯颖、孙惠芬、黄凤、刘开兰、陈宇，重庆市建筑业协会梁汉之、饶毅、袁勇、邓海英，重庆建工住宅建设有限公司伍任雄、李潇、戴广亮、何敏、罗庆志、邹倩、张健、陈博、冯庆敏、周瑜、张宇、段文川、聂真、史灵玉、庞道济、刘远良，重庆工商职业学院王清江、王悦、范洁群，重庆北域建设有限公司尚玉东，重庆大学叶建雄、黄乐鹏、王春艳，重庆合信检验认证有限公司舒唯，重庆市轨道交通（集团）有限公司周杨，重庆亲禾生态环境科技有限公司曾珏博、龚应明、吴正全、张中国参与编写。

全书由唐小林、陈怡宏主审。

本书可以作为装配式混凝土建筑一线人员的培训用书，也可作为装配式混凝土建筑从业人员的参考用书。

在此对本书的各位编委和参与调研的专家、学者表示衷心感谢。

因时间仓促、经验不足，书中的疏漏和不妥之处在所难免，恳请专家和广大读者批评指正。

目　录

基础理论篇

操作技能篇

基础理论篇

第一章　基本知识

第一节　装配式混凝土建筑的概念

装配式建筑是指结构系统、外围护系统、内装系统、设备与管线系统的主要部分采用预制部品构件集成的建筑。装配式建筑结构包括装配式混凝土结构、装配式钢结构、装配式木结构建筑三大体系。

装配式混凝土建筑如图 1-1 所示，是指建筑的结构系统由混凝土部件（预制构件）构成的装配式建筑，其结构形式包括装配整体式混凝土结构、全装配式混凝土结构等，在建筑工程中，简称装配式建筑，在结构工程中，简称装配式混凝土结构。

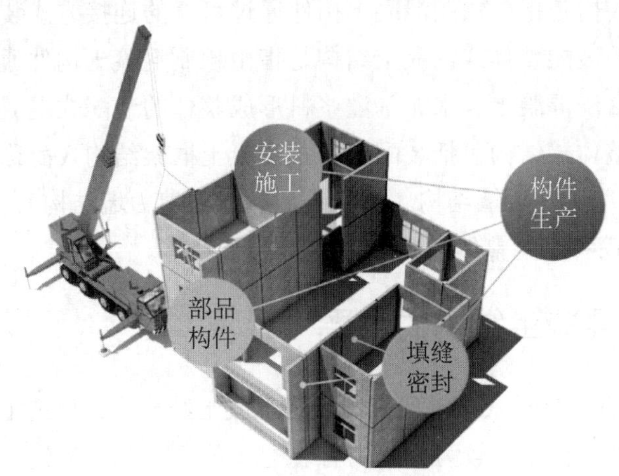

图 1-1　装配式混凝土建筑

装配式混凝土建筑可以采用多种装配式结构类型。当柱与柱、墙与墙、梁与柱或墙等预制构件之间，通过后浇混凝土和钢筋套筒灌浆连接等技术进行连接时，可保证装配式结构的整体性能，使其结构性能与现浇混凝土基本等同，此时称其为装配整体式混凝土结构，也可称之为装配整体式混凝土建筑。当墙与墙之间通过干式节点进行连接时，此时结构的总体刚度与现浇混凝土结构相比，会有所降低，此类结构不属于装配整体式结构。根据我国目前的技术水平和工程实践经验，对于高层建筑，主要采用装配整体式混凝土结构。

我国建筑业现阶段主要采用的是现场浇筑混凝土施工的传统方式，即从搭设脚手架、支设模板、绑扎钢筋到混凝土浇筑，大部分工作都在施工现场完成，现浇施工方式对城乡建设快速发展作出了很大的贡献，但材料浪费相对较多，施工精度相对不足，劳动力成本相对较高。为改变这种粗放式的湿法作业建造方式，《中共中央国务院关于进一步加强城市规划建设管理工作的若干意见》中明确要求：大力推广装配式建筑，减少建筑垃圾和扬尘污染，缩短建造工期，提升工程质量。制定装配式建筑设计、施工和验收规范；完善部品部件标准，实现建筑部品部件工厂化生产；鼓励建筑企业装配式施工，现场装配。建设国家级装配式混凝土建筑生产基地；加大政策支持力度，力争用10年左右时间，使装配式建筑占新建建筑的比例达到30%。

第二节　装配式混凝土结构

一、装配式混凝土结构的概念

装配式混凝土结构是指由预制混凝土构件通过可靠的连接方式装配而成的混凝土结构。我国目前常用的装配整体式混凝土结构是指由预制混凝土构件通过可靠的连接方式进行连接并与现场后浇混凝土、水泥基灌浆料形成整体的装配式混凝土结构，简称装配整体式结构；装配整体式结构包括装配整体式混凝土框架结构（简称装配整体式框架结构）、装配整体式混凝土剪力墙结构（简称装配整体式剪力墙结构）、装配整体式混凝土框架-剪力墙结构（简称装配整体式框架-剪力墙结构）等。

二、装配式混凝土结构的发展

我国从20世纪五六十年代开始研究装配式混凝土结构的设计施工技术，形成了一系列的装配式混凝土结构体系，较为典型的有装配式单层工业厂房建筑体系、装配式多层框架建筑体系、装配式大板建筑体系等。到20世纪80年代，我国装配式混凝土建筑的应用达到全盛时期，全国许多地方都形成了设计、制作和施工安装一体化的装配式建筑建造模式，其中装配式混凝土建筑和采用预制空心楼板的砌体建筑成为两种重要的建筑体系。由于当时装配式建筑的功能和物理性能等逐渐显露出许多缺陷和不足，我国有关装配式建筑的设计和施工技术研发水平又没有跟上社会需求及建筑技术的发展和变化。到20世纪80年代末，装配式混凝土建筑业开始迅速滑坡，逐渐被采用全现浇混凝土结构的建筑取代。直到21世纪，现浇施工方式所造成的环境污染、噪声影响、资源浪费、施工危险等弊端逐步显露，我国建筑业又开始重视装配式混凝土建筑的发展，形成了装配整体式混凝土剪力墙结构、装配整体式混凝土框架结构、装配整体式混凝土框架-剪力墙结构等多种结构体系，并得到大量应用。目前，我国装配式建筑发展较快的城市有深圳、济南、沈阳、上海和北京等，这些城市以示范、试点工程为切入点，在出台政策、技术创新、标准规范制定等方面大胆探索，一定程度上促进了我国装配式混凝土建筑的健康、持续、稳定、有序发展。

三、装配式混凝土结构体系

目前应用最多的装配式混凝土结构体系是装配整体式剪力墙结构，装配整体式框架结构也有一定的应用，装配整体式框架–剪力墙结构有少量应用。无论哪种结构体系，都是基于现浇混凝土结构的设计理念，设计方法与现浇混凝土结构基本相同。

1. 装配整体式剪力墙结构

（1）技术类型

按照主要受力构件的预制及连接方式，装配整体式剪力墙结构体系可以分为以下 3 种：

1）装配整体式剪力墙结构体系；

2）叠合剪力墙结构体系；

3）多层剪力墙结构体系。

各结构体系中装配整体式剪力墙结构体系应用较多，适用的房屋高度最大；叠合剪力墙结构体系目前主要应用于多层建筑或者低烈度区的高层建筑中；多层剪力墙结构体系目前应用较少，但基于其高效、简便的特点，在新型城镇化的推进过程中前景广阔。

此外，还有一种应用较多的剪力墙结构体系，即主体采用现浇剪力墙结构，外墙、楼梯、楼板、隔墙等采用预制构件。这种方式在我国南方部分省（区、市）应用较多，结构设计方法与现浇结构基本相同，但预制装配化程度较低。

（2）结构体系

装配整体式剪力墙结构是装配式混凝土结构的一种。以预制混凝土剪力墙墙板构件（简称预制墙板）和现浇混凝土剪力墙作为结构的竖向承重和水平抗侧力构件，通过整体式连接而成。其中包括同层预制墙板间以及预制墙板与现浇剪力墙的整体连接（采用竖向现浇段将预制墙板以及现浇剪力墙连接成为整体）、楼层间的预制墙板的整体连接（通过预制墙板底部结合面灌浆以及顶部的水平现浇带和圈梁，将相邻楼层的预制墙板连接成为整体）、预制墙板与水平楼盖之间的整体连接（水平现浇带和圈梁）。

新型的装配式混凝土建筑发展是从装配式混凝土住宅开始的，剪力墙结构无梁、柱外露的模式深受用户的认可。近几年装配整体式混凝土剪力墙结构住宅在国内发展迅速，被大量应用，目前主要做法有以下 3 种：

（1）部分或全部预制剪力墙承重体系。通过竖缝节点区后浇混凝土和水平缝节点区后浇混凝土带或圈梁，实现结构的整体连接；竖向受力钢筋采用套筒灌浆、浆锚搭接等连接技术进行连接。装配整体式剪力墙结构住宅如图 1-2 所示，北方地区的外墙板一般采用夹心保温预制混凝土外墙板如图 1-3 所示，它由内叶墙板、夹心保温层、外叶墙板 3 部分组成，内叶墙板和外叶墙板之间通过拉结件连接，可实现外装修、保温、承重一体化。

图 1-2　装配整体式剪力墙结构住宅

图 1-3　夹心保温预制混凝土外墙板

（2）叠合板式混凝土剪力墙结构如图 1-4 所示，即将剪力墙划分为三层，内外两层预制，通过桁架钢筋连接，中间现浇混凝土；墙板竖向和水平分布的钢筋通过附加钢筋实现间接搭接。

图 1-4　叠合板式混凝土剪力墙结构

（3）预制剪力墙外墙模板如图 1-5 所示，即剪力墙外墙由预制的混凝土外墙模板和现浇部分形成，其中预制外墙模板设桁架钢筋与现浇部分连接，可部分参与结构受力。

图1-5　预制剪力墙外墙模板

2. 装配整体式框架结构

装配整体式框架结构体系主要参考日本的技术，柱竖向受力钢筋采用套筒灌浆技术进行连接，主要做法分为以下 2 种：一是节点区域预制（或梁柱节点区域和周边部分构件一并预制），这种做法将框架结构施工中最复杂的节点部分在工厂进行预制，避免节点区各个方向钢筋交叉避让的问题，这种做法对预制构件精度要求较高，且预制构件尺寸比较大，运输比较困难；二是梁、柱各自预制为线性构件，节点区域现浇，这种做法预制构件非常规整，但节点区域钢筋相互交叉较多，这也是此法需要考虑的最为关键的环节。

3. 装配整体式框架–剪力墙结构

装配整体式框架–剪力墙结构如图 1-6 所示，是一种常用的结构形式，与装配式框架结构中预制构件的种类相似，其中框架柱采用节点区域预制如图 1-7 所示，剪力墙采用现浇形式。

图1-6　装配整体式框架–剪力墙结构

图1-7　节点区域预制

四、装配式混凝土建筑结构的连接方式

装配式混凝土建筑结构的连接方式主要分为湿连接和干连接两类。

湿连接是用混凝土或水泥基浆料与钢筋结合形成的连接，如套筒灌浆连接、浆锚搭接连接和后浇混凝土连接等，适用于装配整体式混凝土建筑的连接；干连接主要是借助于金属连接，如螺栓连接、焊接等，适用于全装配式混凝土建筑的连接和装配整体式混凝土建筑中的外挂墙板等非主体结构构件的连接。

1. 套筒灌浆连接

套筒灌浆连接是指在预制混凝土构件中预埋的金属套筒中插入钢筋并灌注水泥基灌浆料而实现的钢筋连接方式。钢筋套筒灌浆连接主要用于装配式混凝土结构的剪力墙、预制柱的纵向受力钢筋的连接，也可用于叠合梁等后浇部位的纵向钢筋连接。

套筒灌浆连接的工作原理是将需要连接的带肋钢筋插入金属套筒内对接，在套筒内注入高强、早强且有微膨胀特性的灌浆料，灌浆料在套筒筒壁与钢筋之间形成较大的正向应力。在带肋钢筋的粗糙表面产生较大摩擦力，由此得以传递钢筋的轴向力，如图 1-8 所示。

灌浆料是以水泥为基本原料，配以适当的细集料、混凝土外加剂和其他材料组成的干混料，加水搅拌后具有良好的流动性、早强、高强、微膨胀等特性，填充于套筒与带肋钢筋的间隙内。

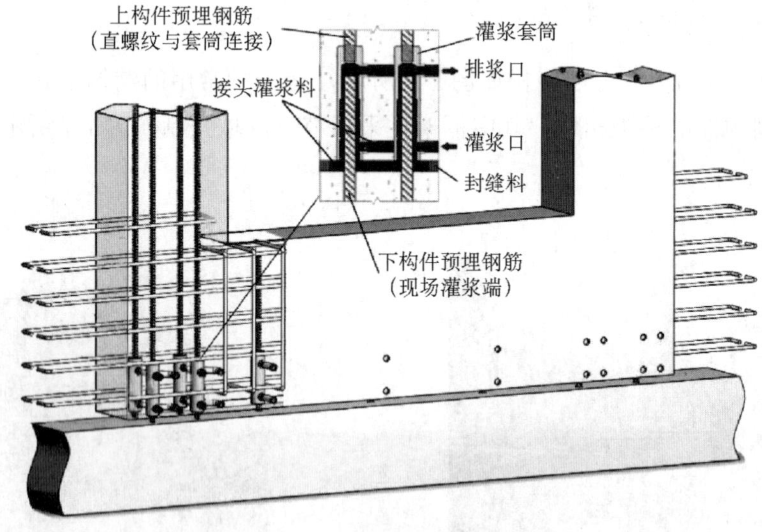

图 1-8　套筒灌浆连接

2. 浆锚搭接连接

浆锚搭接连接是指在预制混凝土构件中预留孔道，在孔道中插入需搭接的钢筋，并灌注水泥基浆料而实现的钢筋搭接连接方式。

浆锚搭接连接是基于黏结锚固原理进行连接的方法，在竖向结构构件下段范围内预留出竖向孔洞，孔洞内壁表面留有螺纹状粗糙面，周围配有横向约束螺旋箍筋，将下部装配式预制构件预留钢筋插入孔洞内，通过灌浆孔注入灌浆料将上下构件连接成一体。浆锚搭接连接常见形式有螺旋箍筋约束浆锚搭接连接和金属波纹管浆锚搭接连接，如图1-9所示。

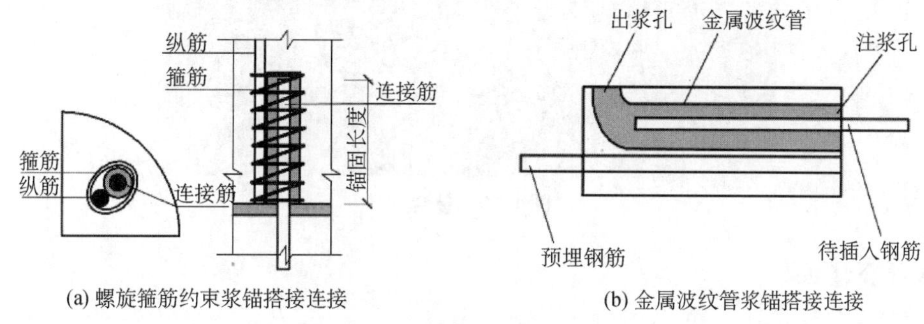

(a) 螺旋箍筋约束浆锚搭接连接　(b) 金属波纹管浆锚搭接连接

图1-9　浆锚搭接连接示意

3. 后浇混凝土连接

后浇混凝土是指预制构件安装后在预制构件连接区域或叠合层现场浇筑的混凝土。

后浇混凝土钢筋连接是后浇混凝土连接节点最重要的环节。后浇混凝土钢筋的连接可采用现浇结构钢筋的连接方式，主要包括机械螺纹套筒连接、钢筋搭接、钢筋焊接等。

五、预制混凝土构件

预制混凝土构件是指在工厂或现场预先制作的混凝土构件，简称预制构件。装配式混凝土预制构件主要有：预制柱、预制梁（叠合梁）、预制楼板（叠合楼板）、预制外墙板、预制内墙板、预制楼梯、预制阳台板、预制空调板、预制女儿墙、预制外挂墙板、预制内隔墙板等。

1. 预制柱

预制柱（图1-10）是建筑物的主要竖向受力构件。预制柱的设计除满足承载力及正常使用阶段功能的要求外，还需要考虑生产线、运输限制、堆放等因素。预制柱设计的关键在于节点。

图1-10　预制柱

2. 叠合梁

叠合梁（图1-11）是分两次浇捣混凝土的梁，第一次在预制厂做成预制梁，作为上部现浇混凝土的永久性模板；第二次在施工现场进行，当预制梁吊装安放完成后，再浇捣上部的混凝土，使其连成整体，它是预制构件和现浇结构的互相结合，同时兼有两者的优点。

图 1-11　叠合梁

3. 叠合楼板

最常见的预制混凝土叠合楼板主要有两种：一种是预制混凝土钢筋桁架叠合板（图 1-12），另一种是预制带肋底板混凝土叠合楼板。

图 1-12　预制混凝土钢筋桁架叠合板

（1）预制混凝土钢筋桁架叠合板

预制混凝土钢筋桁架叠合板属于半预制构件，下部为预制混凝土板，外露部分为桁架钢筋。预制混凝土叠合板的预制部分最小厚度为 3～6 cm，叠合楼板在工地安装到位后应进行二次浇筑，从而成为整体实心楼板。钢筋桁架的主要作用是将后浇筑的混凝土层与预制底板连接成整体，并在制作和安装过程中提供刚度。伸出预制混凝土层的钢筋桁架和粗糙的混凝土表面保证了叠合楼板预制部分与现浇部分能有效地结合成整体。

（2）预制带肋底板混凝土叠合楼板

预制带肋底板混凝土叠合楼板一般为预应力带肋混凝土叠合楼板（简称 PK 板）。

PK 板具有以下优点：

1）预制底板厚 3 cm，自重约 1.1 kg/m^2，具有轻薄的特点。

2）用钢量最省。由于采用 1860 级高强度预应力钢丝，比其他叠合板用钢量节省约 60%。

3）承载能力强。破坏性试验承载力可达 1 100 kN/m^2。

4）抗裂性能好。采用了预应力，极大地提高了混凝土的抗裂性能。

5）新老混凝土接合好。采用了 T 形肋，新老混凝土互相咬合，新混凝土流入孔中产生销栓作用。

6）可形成双向板。在侧孔中横穿钢筋后，消除了传统叠合板只能作为单向板的弊病，且预埋管线方便。

（3）相关规定

1）叠合板应按《混凝土结构设计规范（2015 年版）》（GB 50010—2010）的规定进行设计，并应符合下列规定：

① 叠合板的预制板厚度不宜小于 60 mm，后浇混凝土叠合层厚度不应小于 60 mm；

② 当叠合板的预制板采用空心板时，板端空腔应封堵；

③ 跨度大于 3 m 的叠合板，宜采用桁架钢筋混凝土叠合板；

④ 跨度大于 6 m 的叠合板，宜采用预应力混凝土预制板；

⑤ 板厚大于 180 mm 的叠合板，宜采用混凝土空心板。

2）桁架钢筋混凝土叠合板应满足下列要求：

① 桁架钢筋应沿主要受力方向布置；

② 桁架钢筋距板边不应大于 300 mm，间距不宜大于 600 mm；

③ 桁架钢筋弦杆钢筋直径不宜小于 8 mm，腹杆钢筋直径不应小于 4 mm；

④ 桁架钢筋弦杆混凝土保护层厚度不应小于 15 mm。

4. 预制混凝土剪力墙墙板

（1）预制混凝土夹心保温外墙板

预制混凝土剪力墙外墙板（图 1-13）是指在工厂预制、内叶板为预制混凝土剪力墙、中间夹有保温层、外叶板为钢筋混凝土保护层的预制混凝土夹心保温剪力墙墙板（简称夹心保温外墙板）。内叶板侧面在施工现场通过预留钢筋与现浇剪力墙边缘构件连接，底部通过钢筋灌浆套筒与下层预制剪力墙预留钢筋相连。

图 1-13　预制混凝土夹心保温外墙板

（2）预制混凝土剪力墙内墙板

预制混凝土剪力墙内墙板（图 1-14）是指在工厂预制成的混凝土剪力墙构件。预制混凝土剪力墙内墙板侧面在施工现场通过预留钢筋与现浇剪力墙边缘构件连接，底部通过钢筋灌浆套筒与下层预制剪力墙预留钢筋相连。

5. 预制混凝土楼梯

预制混凝土楼梯分为梯段、平台梁、平台板三部分。梁板梯段由梯斜梁和踏步板组成，一般在梯斜梁支承踏步板处用水泥砂浆座浆连接，如需加强，可在梯斜梁上预埋插筋，与踏步板支承端预留孔插接，用高等级水泥砂浆或灌浆料填实。预制混凝土楼梯斜梁如图 1-15 所示。

图 1-14　预制混凝土剪力墙内墙板

图 1-15　预制混凝土楼梯斜梁

预制混凝土楼梯由工厂预制生产，现场安装，质量、效率可以极大提高，节约工期及人工成本，安装后无须再做饰面，结构施工段支撑少。预制混凝土楼梯在装配式建筑中应用广泛。

6. 预制混凝土阳台板、空调板、女儿墙

图 1-16　预制混凝土阳台板

预制混凝土阳台板（图 1-16）能够克服现浇阳台支模复杂，现场高空作业费时、费力以及高空作业时的施工安全问题。

预制混凝土空调板（图 1-17）通常采用预制实心混凝土板，板顶预留钢筋通常与预制叠合板的现浇层相连。

预制混凝土女儿墙（图 1-18）处于屋面处外墙的延伸部位，通常有立面造型，采用预制混凝土女儿墙的优势是安装快速，节省工期。

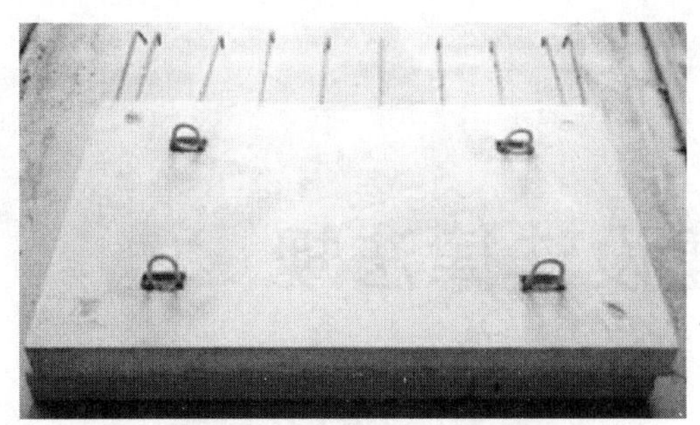
图 1-17　预制混凝土空调板

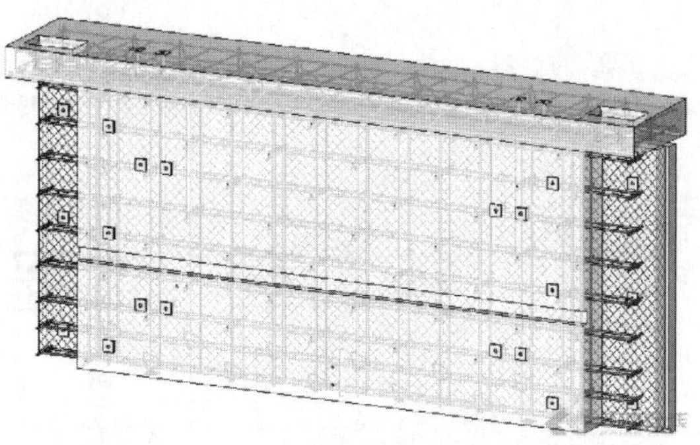
图 1-18　预制混凝土女儿墙

7. 预制外挂墙板

装配式混凝土建筑中外挂墙板是集装饰、围护一体化，并在工厂预制加工成具有各类形态或质感的预制构件。

外挂墙板按其安装方向分为横向外挂板和竖向外挂板；根据采光方式分为有窗外挂板和无窗外挂板，有窗外挂板一般为连续满布式安装，无窗外挂板为分段安装外挂墙板，是装配式结构的非承重外围护构件。外挂墙板与主体的节点以金属连接件连接或螺栓连接，如图 1-19 所示。

图 1-19　外挂墙板连接节点

第二章　工程建设法律法规

第一节　建设法律法规概述

一、建设法律法规的定义

建设法律法规是调整国家行政管理机关、法人、法人以外的其他组织、公民在建设活动中产生的社会关系的法律规范的总称。建设法律和建设行政法规构成了建设法的主体。建设法是以市场经济中建设活动产生的社会关系为基础，规范国家行政管理机关对建设活动的监管和市场主体之间经济活动的法律法规。

二、法的形式

法的形式是指法律的创制方式和外部表现形式。它包括四层含义：①法律规范创制机关的性质及级别；②法律规范的外部表现形式；③法律规范的效力等级；④法律规范的地域效力。法的形式取决于法的本质。在世界历史上存在过的法律形式主要有习惯法、宗教法、判例、规范性法律文件、国际惯例、国际条约等。在我国，习惯法、宗教法、判例不是法的形式。

我国法的形式是制定法形式，具体可分为以下七类：

1. 宪法

宪法是由全国人民代表大会依照特别程序制定的具有最高效力的根本法。宪法是集中反映统治阶级的意志和利益，规定国家制度、社会制度的基本原则，具有最高法律效力的根本大法。其主要功能是制约和平衡国家权力，保障公民权利。宪法是我国的根本大法，在我国法律体系中具有最高的法律地位和法律效力，是我国最高的法律形式。

宪法也是建设法律的最高形式，是国家进行建设管理、监督的权力基础。

2. 法律

法律是指由全国人民代表大会和全国人民代表大会常务委员会制定颁布的规范性法律文件，即狭义的法律。法律分为基本法律和一般法律（又称非基本法律、专门法）两类。基本法律是由全国人民代表大会制定的调整国家和社会生活中带有普遍性的社会关系的规范性法律文件的统称，如《刑法》《民法典》《诉讼法》以及有关国家机构的组织法等法律。一般法律是由全国人民代表大会常务委员会制定的调整国家和社会生活中某种具体社会关系或其中某一方面内容的规范性文件的统称。全国人民代表大会和全国人民代表大会常务委员会通过的法律由国家主席签署主席令予以公布。

建设法律既包括专门的建设领域的法律，也包括与建设活动相关的其他法律。前者有《城乡规划法》《建筑法》《城市房地产管理法》等，后者有《民法典》《行政许可法》等。

3. 行政法规

行政法规是国家最高行政机关国务院根据宪法和法律就有关执行法律和履行行政管理职权的问题，以及依据全国人民代表大会及其常务委员会特别授权所制定的规范性文件的总称。行政法规由总理签署国务院令公布。

依照《立法法》的规定，国务院根据宪法和法律，制定行政法规。行政法规可以就下列事项作出规定：①为执行法律的规定需要制定行政法规的事项；②《宪法》第八十九条规定的国务院行政管理职权的事项。应当由全国人民代表大会及其常务委员会制定法律的事项，国务院根据全国人民代表大会及其常务委员会的授权决定先制定的行政法规，经过实践检验，制定法律的条件成熟时，国务院应当及时提请全国人民代表大会及其常务委员会制定法律。

现行的建设行政法规主要有《建设工程质量管理条例》《建设工程安全生产管理条例》《建设工程勘察设计管理条例》《城市房地产开发经营管理条例》《招标投标法实施条例》等。

4. 地方性法规、自治条例和单行条例

省、自治区、直辖市的人民代表大会及其常务委员会根据本行政区域的具体情况和实际需要，在不同宪法、法律、行政法规相抵触的前提下，可以制定地方性法规。设区的市的人民代表大会及其常务委员会根据本市的具体情况和实际需要，在不同宪法、法律、行政法规和本省、自治区的地方性法规相抵触的前提下，可以对城乡建设与管理、环境保护、历史文化保护等方面的事项制定地方性法规。设区的市的地方性法规须报省、自治区的人民代表大会常务委员会批准后施行。省、自治区的人民代表大会常务委员会对报请批准的地方性法规，应当对其合法性进行审查，同宪法、法律、行政法规和本省、自治区的地方性法规不抵触的，应当在 4 个月内予以批准。省、自治区的人民代

表大会常务委员会在对报请批准的设区的市的地方性法规进行审查时，发现其同本省、自治区的人民政府的规章相抵触的，应当作出处理决定。

地方性法规可以就下列事项作出规定：①为执行法律、行政法规的规定，需要根据本行政区域的实际情况作具体规定的事项；②属于地方性事务需要制定地方性法规的事项。

省、自治区、直辖市的人民代表大会制定的地方性法规由大会主席团发布公告予以公布。省、自治区、直辖市的人民代表大会常务委员会制定的地方性法规由常务委员会发布公告予以公布。较大的市的人民代表大会及其常务委员会制定的地方性法规报经批准后，由较大的市的人民代表大会常务委员会发布公告予以公布。自治条例和单行条例报经批准后，分别由自治区、自治州、自治县的人民代表大会常务委员会发布公告予以公布。

目前，各地方都制定了大量的规范建设活动的地方性法规、自治条例和单行条例，如《北京市建筑市场管理条例》《天津市建筑市场管理条例》《新疆维吾尔自治区建筑市场管理条例》等。

5. 部门规章

国务院各部、委员会、中国人民银行、审计署和具有行政管理职能的直属机构，以及省、自治区、直辖市人民政府和较大的市的人民政府所制定的规范性文件统称规章。部门规章由部门首长签署命令予以公布。部门规章签署公布后，及时在《国务院公报》或者部门公报和中国政府法制信息网以及在全国范围内发行的报纸上刊载。

部门规章规定的事项应当属于执行法律或者国务院的行政法规、决定、命令的事项，其名称可以是“规定”“办法”和“实施细则”等。目前，大量的建设法规是以部门规章的方式发布的，如住房和城乡建设部发布的《房屋建筑和市政基础设施工程质量监督管理规定》《房屋建筑和市政基础设施工程竣工验收备案管理办法》《市政公用设施抗灾设防管理规定》等。

涉及两个以上国务院部门职权范围的事项，应当提请国务院制定行政法规或者由国务院有关部门联合制定规章。目前，国务院有关部门已联合制定了一些规章。

6. 地方政府规章

省、自治区、直辖市和设区的市、自治州的人民政府，可以根据法律、行政法规和本省、自治区、直辖市的地方性法规，制定地方政府规章。地方政府规章由省长或者自治区主席或者市长签署命令予以公布。地方政府规章签署公布后，及时在本级人民政府公报和中国政府法制信息网以及在本行政区域范围内发行的报纸上刊载。

地方政府规章可以就下列事项作出规定：①为执行法律、行政法规、地方性法规的规定需要制定规章的事项；②属于本行政区域的具体行政管理事项。设区的市、自治州的人民政府根据上述事项范围制定地方政府规章，限于城乡建设与管理、环境保护、历史文化保护等方面的事项。已经制定的地方政府规章，涉及上述事项范围以外的，继续有效。没有法律、行政法规、地方性法规的依据，地方政府规章不得设定减损公民、法人和其他组织权利或者增加其义务的规范。

7. 国际条约

国际条约是指我国与外国缔结、参加、签订、加入、承认的双边或多边的条约、协定和其他具有条约性质的文件。国际条约的名称，除条约外，还有公约、协议、协定、议定书、宪章、盟约、换文和联合宣言等。除我国在缔结时宣布持保留意见不受其约束的以外，这些条约的内容都与国内法具有一样的约束力，所以也是我国法的形式。例如，我国加入 WTO 后，WTO 中与工程建设有关的协定也对我国的建设活动产生约束力。

三、工程建设法规的法律关系

1. 法律的主体客体

任何法律关系都是由主体、客体和内容三个要素构成的。

工程建设法律关系主体主要是指参加或管理、监督建设活动，受建设工程法律规范调整，在法律上享有权利、承担义务的自然人、法人或其他组织。

工程建设法律关系客体是指参加工程建设法律关系的主体享有的权利和承担的义务所共同指向的对象。

法人是指具有民事权利能力和民事行为能力，依法享有民事权利和承担民事义务的组织。

2. 代理的法律规定

（1）代理的概念

代理，是指代理人在代理权限内，以被代理人的名义实施民事法律行为。被代理人对代理人的代理行为承担民事责任。由此可见，在代理关系中，通常涉及三个人，即被代理人、代理人和第三人。

（2）代理的种类

代理有委托代理、法定代理和指定代理三种形式。

1）委托代理。委托代理，是指根据被代理人的委托而产生的代理，如公民委托律师代理诉讼就属于委托代理。

委托代理可采用口头形式委托，也可采用书面形式委托，如果法律明确规定必须采用书面形式委托的，则必须采用书面形式。如代签工程建设合同就必须采用书面形式。

在实际生活中，委托代理应注意下列问题：

① 被代理人应慎重选择代理人。因为代理活动要由代理人来实施，且实施结果要由

被代理人承担，如果代理人不能胜任工作，将会给被代理人带来不利的后果，甚至还会损害被代理人的利益。

② 委托授权的范围要明确。由于委托代理是基于被代理人的委托授权而产生的，所以，被代理人的授权范围一定要明确。如果由于授权不明确而给第三人造成损失的，则被代理人要向第三人承担责任，代理人承担连带责任。

③ 委托代理的事项必须合法。被代理人自己不能亲自进行违法活动，也不能委托他人进行违法活动；同时，代理人也不能接受此类的委托，否则，被代理人、代理人要承担连带责任。

2）法定代理。法定代理，是基于法律的直接规定而产生的代理。如父母作为监护人代理未成年人进行民事活动就是属于法定代理。法定代理是为了保护无民事行为能力的人或限制民事行为能力的人的合法权益而设立的一种代理形式，适用范围比较窄。

3）指定代理。指定代理，是指根据主管机关或人民法院的指定而产生的代理。这种代理也主要是为无民事行为能力的人和限制民事行为能力的人而设立的。如人民法院指定一名律师作为离婚诉讼中丧失民事行为能力而又无其他法定代理人的一方当事人的代理人，就属于指定代理。

（3）代理人在代理活动中应注意的问题

1）代理人应在代理权限范围内进行代理活动。如果代理人在没有代理权、超越代理权限范围或代理权终止后进行活动，即属于无权代理，倘若被代理人不予以追认的话，则由行为人承担法律责任。

2）代理人应亲自进行代理活动。代理关系中，被代理人的委托授权是基于对代理人的信任，委托代理就是建立在这种人身信任的基础上的。因此，代理人必须亲自进行代理活动，完成代理任务。

3）代理人应认真履行职责。代理人接受了委托，就有义务尽职尽责地完成代理工作。如果不履行或不认真履行代理职责而给被代理人造成损害的，代理人应承担赔偿责任。

4）不得滥用代理权。滥用代理权表现为：

① 以被代理人的名义同自己实施法律行为。如以被代理人的名义同自己订立合同，就属于此种情形。

② 代理双方当事人实施同一个法律行为。例如，在同一诉讼中，律师既代理原告，又代理被告，这就很可能损害一方或双方当事人的利益，因此，此种情形为法律所禁止。

③ 代理人与第三人恶意串通损害被代理人的利益。例如，代理人与第三人相互勾结，在订立合同时给第三人以种种优惠，而损害了被代理人的利益，对此，代理人、第三人要承担连带责任。

（4）代理权的终止

由于代理的种类不同，代理关系终止的原因也不尽相同。

1）委托代理的终止：

① 代理期限届满或代理事务完成；

② 被代理人取消委托或代理人辞去委托；

③ 代理人死亡或丧失民事行为能力；

④ 作为被代理人或代理人的法人组织终止。

2）法定代理或指定代理的终止：

① 被代理人或代理人死亡；

② 代理人丧失民事行为能力；

③ 被代理人取得或恢复民事行为能力；

④ 指定代理的人民法院或指定单位取消指定；

⑤ 由于其他原因引起的被代理人和代理人之间的监护关系消灭。

四、工程建设法规的法律责任

工程建设法律责任是指由于工程建设主体的违法行为、违约行为或者由于法律规定而应承受的某种不利的法律后果。

责任种类包括：民事责任、行政责任、刑事责任。

五、工程项目建设程序

1. 基本建设的含义

基本建设是指以固定资产扩大再生产为目的，进行的各种新建、改建、扩建、迁建、恢复工程及与之相关的各项建设工作。

2. 基本建设程序

基本建设程序是指建设项目从设想、选择、评估、决策、设计、施工到竣工验收、投入生产等的整个建设过程中，各项工作必须遵循的先后次序的法则。这个法则是人们在认识客观规律的基础上制定出来的，是建设项目科学决策和顺利进行的重要保证。按照建设项目发展的内在联系和发展过程，建设程序分为若干个阶段，这些阶段是有严格的先后次序的，不能任意颠倒而违反它的发展规律。

目前，我国基本建设程序的主要阶段有项目建议书阶段、可行性研究报告阶段、设计阶段、建设准备阶段、建设实施阶段和竣工验收阶段，即决策阶段、实施阶段和运行阶段。其中每个阶段又有不同内容，图 2-1 为我国基本建设程序与工程多次计价之间的关系。

主要阶段说明：

1）编制和报批项目建议书：大中型新建项目和限额以上的大型扩建项目，在上报项目建议书时必须附上初步可行性研究报告。项目建议书获得批准后即可立项。

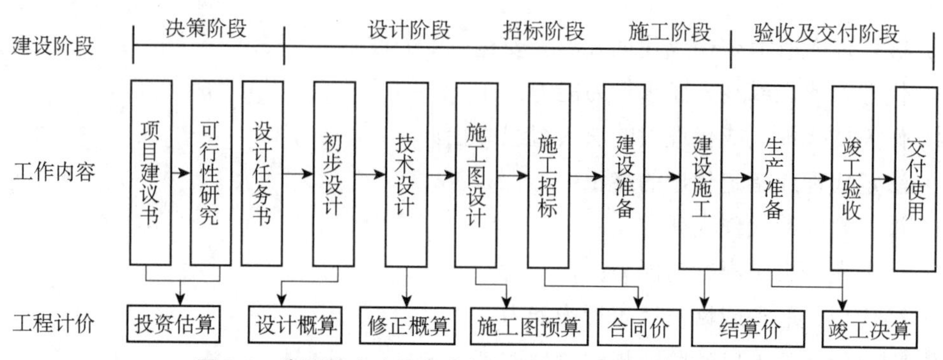

图2-1　我国基本建设程序与工程多次计价之间的关系

2）编制和报批可行性研究报告：项目立项后即可由建设单位委托原编报项目建议书的设计院或咨询公司进行可行性研究，根据批准的项目建议书，在详细可行性研究的基础上，编制可行性研究报告，为项目投资决策提供科学依据。根据原国家计委发布的计投资〔1991〕1969号文件，“从本文下发之日起，将现行国内投资项目的设计任务书和利用外资项目的可行性研究报告统一称为可行性研究报告，取消设计任务书的名称”，“所有国内投资项目和利用外资的建设项目，在批准项目建议书以后，并进行可行性研究的基础上，一律编报可行性研究报告，可行性研究报告的编报程序、要求和审批权限与以前的设计任务书（可行性研究报告）一致”。

3）编制和报批设计文件：对于大型、复杂项目，可根据不同行业的特点和要求进行初步设计、技术设计和施工图设计三阶段设计；一般工程项目可采用初步设计和施工图设计两阶段设计。初步设计文件要满足施工图设计、施工准备、土地征用、项目材料和设备订货的要求；施工图设计应能满足建筑材料、构配件及设备的购置和非标准构配件及非标准设备的加工要求。

4）建设准备工作：包括组建筹建机构，征地、拆迁和场地平整；落实和完成施工用水、电、路等工程和外部协调条件；组织设备和特殊材料订货，落实材料供应，准备必要的施工图纸；组织施工招标、投标，择优选定施工单位，签订承包合同，确定合同价；报批开工报告等工作。开工报告获得批准后，建设项目方能开工建设，进行施工安装和生产准备工作。

5）建设施工：包括组织施工和生产准备。

6）项目施工验收、投产经营和后评价。

第二节　建筑法

《建筑法》主要适用于各类房屋建筑及其附属设施的构造和与其配套的线路、管道、设备的安装活动，但其中关于施工许可、企业资质审查和工程发包、承包、禁止转包，以及工程监理、安全和质量管理的规定，也适用于其他建筑工程的建筑活动。

一、建筑工程施工许可和从业资格的规定

建筑许可包括建筑工程施工许可和从业资格两个方面。

1. 建筑工程施工许可

（1）建筑许可的申领

建筑工程开工前，建设单位应当按照国家有关规定向工程所在地县级以上人民政府建设行政主管部门申请领取施工许可证；但是，国务院建设行政主管部门确定的限额以下的小型工程除外。按照国务院规定的权限和程序批准开工报告的建筑工程，不再领取施工许可证。

申请领取施工许可证，应当具备下列条件：

① 已经办理该建筑工程用地批准手续；

② 依法应当办理建设规划许可证的，已经取得建设工程规划许可证；

③ 需要拆迁的，其拆迁进度符合施工要求；

④ 已经确定建筑施工企业；

⑤ 有满足施工需要的资金安排、施工图纸及技术资料；

⑥ 有保证工程质量和安全的具体措施。

（2）施工许可证申请的时间要求

建设行政主管部门应当自收到申请之日起 7 日内，对符合条件的申请颁发施工许可证。

建设单位应当自领取施工许可证之日起 3 个月内开工。因故不能按期开工的，应当向发证机关申请延期；延期以 2 次为限，每次不超过 3 个月。既不开工又不申请延期或者超过延期时限的，施工许可证自行废止。

（3）中止施工和恢复施工

在建的建筑工程因故中止施工的，建设单位应当自中止施工之日起 1 个月内，向发证机关报告，并按照规定做好建筑工程的维护管理工作。

建筑工程恢复施工时，应当向发证机关报告；中止施工满 1 年的工程恢复施工前，建设单位应当报发证机关核验施工许可证。

按照国务院有关规定批准开工报告的建筑工程，因故不能按期开工或者中止施工的，应当及时向批准机关报告情况。因故不能按期开工超过 6 个月的，应当重新办理开工报告的批准手续。

2. 从业资格

（1）单位资质

从事建筑活动的建筑施工企业、勘察单位、设计单位和工程监理单位，应当具备下

列条件：

① 有符合国家规定的注册资本；

② 有与其从事的建筑活动相适应的具有法定执业资格的专业技术人员；

③ 有从事相关建筑活动所应有的技术装备；

④ 法律、行政法规规定的其他条件。

从事建筑活动的建筑施工企业、勘察单位、设计单位和工程监理单位，按照其拥有的注册资本、专业技术人员、技术装备和已完成的建筑工程业绩等资质条件，划分为不同的资质等级，经资质审查合格，取得相应等级的资质证书后，方可在其资质等级许可的范围内从事建筑活动。

（2）专业技术人员资格

从事建筑活动的专业技术人员，应当依法取得相应的执业资格证书，并在执业资格证书许可的范围内从事建筑活动。

二、建筑工程安全生产管理的规定

1. 总体方针和原则

建筑工程安全生产管理必须坚持安全第一、预防为主的方针，建立健全安全生产的责任制度和群防群治制度。

建筑工程设计应当符合按照国家规定制定的建筑安全规程和技术规范的要求，保证工程的安全性能。建筑施工企业在编制施工组织设计时，应当根据建筑工程的特点制定相应的安全技术措施；对专业性较强的工程项目，应当编制专项安全施工组织设计，并采取安全技术措施。

2. 施工企业应当采取的安全管理措施

建筑施工企业应当在施工现场采取维护安全、防范危险、预防火灾等措施；有条件的，应当对施工现场实行封闭管理。施工现场对毗邻的建筑物、构筑物和特殊作业环境可能造成损害的，建筑施工企业应当采取安全防护措施。

建筑施工企业必须依法加强对建筑安全生产的管理，执行安全生产责任制度，采取有效措施，防止伤亡和其他安全生产事故的发生。建筑施工企业的法定代表人对本企业的安全生产负责。

施工现场安全由建筑施工企业负责。实行施工总承包的，由总承包单位负责。分包单位向总承包单位负责，服从总承包单位对施工现场的安全生产管理。建筑施工企业应当建立健全劳动安全生产教育培训制度，加强对职工安全生产的教育培训；未经安全生产教育培训的人员，不得上岗作业。建筑施工企业和作业人员在施工过程中，应当遵守有关安全生产的法律、法规和建筑行业安全规章、规程，不得违章指挥或者违章作业。

作业人员有权对影响人身健康的作业程序和作业条件提出改进意见，有权获得安全生产所需的防护用品。作业人员对危及生命安全和人身健康的行为有权提出批评、检举和控告。建筑施工企业应当依法为职工办理工伤保险并缴纳工伤保险费。鼓励企业为从事危险作业的职工办理意外伤害保险，并支付保险费。

3. 主体和结构变动

涉及建筑主体和承重结构变动的装修工程，建设单位应当在施工前委托原设计单位或者具有相应资质条件的设计单位提出设计方案；没有设计方案的，不得施工。房屋拆除应当由具备保证安全条件的建筑施工单位承担，由建筑施工单位负责人对安全负责。施工中发生事故时，建筑施工企业应当采取紧急措施减少人员伤亡和事故损失，并按照国家有关规定及时向有关部门报告。

三、建筑工程质量管理的规定

1. 认证

国家对从事建筑活动的单位推行质量体系认证制度。从事建筑活动的单位根据自愿原则可以向国务院产品质量监督管理部门或者国务院产品质量监督管理部门授权的部门认可的认证机构申请质量体系认证。经认证合格的，由认证机构颁发质量体系认证证书。

2. 建设各方的工程质量管理

建设单位不得以任何理由，要求建筑设计单位或者建筑施工企业在工程设计或者施工作业中，违反法律、行政法规和建筑工程质量、安全标准，降低工程质量。

建筑设计单位和建筑施工企业对建设单位违反前款规定提出的降低工程质量的要求，应当予以拒绝。

建筑工程实行总承包的，工程质量由工程总承包单位负责，总承包单位将建筑工程分包给其他单位的，应当对分包工程的质量与分包单位承担连带责任。分包单位应当接受总承包单位的质量管理。建筑工程的勘察、设计单位必须对其勘察、设计的质量负责。勘察、设计文件应当符合有关法律、行政法规的规定和建筑工程质量、安全标准、建筑工程勘察、设计技术规范以及合同的约定。设计文件选用的建筑材料、建筑构配件和设备，应当注明其规格、型号、性能等技术指标，其质量要求必须符合国家规定的标准。

建筑设计单位对设计文件选用的建筑材料、建筑构配件和设备，不得指定生产厂、供应商。建筑施工企业对工程的施工质量负责。建筑施工企业必须按照工程设计图纸和施工技术标准施工，不得偷工减料。工程设计的修改由原设计单位负责，建筑施工企业不得擅自修改工程设计。建筑施工企业必须按照工程设计要求、施工技术标准和合同的约定，对建筑材料、建筑构配件和设备进行检验，不合格的不得使用。

3. 维修和保修

建筑物在合理使用寿命内，必须确保地基基础工程和主体结构的质量。建筑工程竣工时，屋顶、墙面不得留有渗漏、开裂等质量缺陷；对已发现的质量缺陷，建筑施工企业应当修复。

交付竣工验收的建筑工程，必须符合规定的建筑工程质量标准，有完整的工程技术经济资料和经签署的工程保修书，并具备国家规定的其他竣工条件。建筑工程竣工经验收合格后，方可交付使用；未经验收或者验收不合格的，不得交付使用。

建筑工程实行质量保修制度。

建筑工程的保修范围应当包括地基基础工程、主体结构工程、屋面防水工程和其他土建工程，以及电气管线、上下水管线的安装工程，供热、供冷系统工程等项目；保修的期限应当按照保证建筑物合理寿命年限内正常使用、维护使用者合法权益的原则确定。具体的保修范围和最低保修期限由国务院规定。

四、施工单位违法行为的处罚规定

1. 施工资质

未取得施工许可证或者开工报告未经批准擅自施工的，责令改正，对不符合开工条件的责令停止施工，可以处以罚款。发包单位将工程发包给不具有相应资质条件的承包单位的，或者违反《建筑法》规定将建筑工程肢解发包的，责令改正，处以罚款。超越本单位资质等级承揽工程的，责令停止违法行为，处以罚款，可以责令停业整顿，降低资质等级；情节严重的，吊销资质证书；有违法所得的，予以没收。未取得资质证书承揽工程的，予以取缔，并处罚款；有违法所得的，予以没收。以欺骗手段取得资质证书的，吊销资质证书，处以罚款；构成犯罪的，依法追究刑事责任。建筑施工企业转让、出借资质证书或者以其他方式允许他人以本企业的名义承揽工程的，责令改正，没收违法所得，并处罚款，可以责令停业整顿，降低资质等级；情节严重的，吊销资质证书。对因该项承揽工程不符合规定的质量标准造成的损失，建筑施工企业与使用本企业名义的单位或者个人承担连带赔偿责任。

2. 安全生产

涉及建筑主体或者承重结构变动的装修工程擅自施工的，责令改正，处以罚款；造成损失的，承担赔偿责任；构成犯罪的，依法追究刑事责任。建筑施工企业违反《建筑法》规定，对建筑安全事故隐患不采取措施予以消除的，责令改正，可以处以罚款；情节严重的，责令停业整顿，降低资质等级或者吊销资质证书；构成犯罪的，依法追究刑事责任。建筑施工企业的管理人员违章指挥、强令职工冒险作业，因而发生重大伤亡事故或者造成其他严重后果的，依法追究刑事责任。

3. 质量管理

建设单位违反《建筑法》规定，要求建筑设计单位或者建筑施工企业违反建筑工程质量、安全标准，降低工程质量的，责令改正，可以处以罚款；构成犯罪的，依法追究刑事责任。建筑设计单位不按照建筑工程质量、安全标准进行设计的，责令改正，处以罚款；造成工程质量事故的，责令停业整顿，降低资质等级或者吊销资质证书，没收违法所得，并处罚款；造成损失的，承担赔偿责任；构成犯罪的，依法追究刑事责任。

建筑施工企业在施工中偷工减料的，使用不合格的建筑材料、建筑构配件和设备的，或者有其他不按照工程设计图纸或者施工技术标准施工的行为的，责令改正，处以罚款；情节严重的，责令停业整顿，降低资质等级或者吊销资质证书；造成建筑工程质量不符合规定的质量标准的，负责返工、修理，并赔偿因此造成的损失；构成犯罪的，依法追究刑事责任。建筑施工企业违反《建筑法》规定，不履行保修义务或者拖延履行保修义务的，责令改正，可以处以罚款，并对在保修期内因屋顶、墙面渗漏、开裂等质量缺陷造成的损失，承担赔偿责任。

4. 承担责任

《建筑法》规定的责令停业整顿、降低资质等级和吊销资质证书的行政处罚，由颁发资质证书的机关决定；其他行政处罚，由建设行政主管部门或者有关部门依照法律和国务院规定的职权范围决定。依照《建筑法》规定被吊销资质证书的，由工商行政管理部门吊销其营业执照。违反《建筑法》规定，对不具备相应资质等级条件的单位颁发该等级资质证书的，由其上级机关责令收回所颁发的资质证书，对直接负责的主管人员和其他直接责任人员给予行政处分；构成犯罪的，依法追究刑事责任。政府及其所属部门的工作人员违反《建筑法》规定，限定发包单位将招标发包的工程发包给指定的承包单位的，由上级机关责令改正；构成犯罪的，依法追究刑事责任。负责颁发建筑工程施工许可证的部门及其工作人员对不符合施工条件的建筑工程颁发施工许可证的，负责工程质量监督检查或者竣工验收的部门及其工作人员对不合格的建筑工程出具质量合格文件或者按合格工程验收的，由上级机关责令改正，对责任人员给予行政处分；构成犯罪的，依法追究刑事责任；造成损失的，由该部门承担相应的赔偿责任。在建筑物的合理使用寿命内，因建筑工程质量不合格受到损害的，有权向责任者要求赔偿。

第三节　安全生产法

一、生产经营单位安全生产保障的规定

《安全生产法》为生产经营单位在安全生产的各个环节上确立了必须遵循的行为准则。包括以下主要内容。

1. 安全生产条件

生产经营单位应当具备《安全生产法》和有关法律、行政法规和国家标准或者行业标准规定的安全生产条件；不具备安全生产条件的，不得从事生产经营活动。

2. 生产经营单位的主要负责人的安全生产职责

生产经营单位的主要负责人对本单位安全生产工作负有下列职责：

① 建立健全并落实本单位全员安全生产责任制，加强安全生产标准化建设；

② 组织制定本单位安全生产规章制度和操作规程；

③ 组织制定并实施本单位安全生产教育和培训计划；

④ 保证本单位安全生产投入的有效实施；

⑤ 组织建立并落实安全风险分级管控和隐患排查治理双重预防工作机制，督促、检查本单位的安全生产工作，及时消除生产安全事故隐患；

⑥ 组织制定并实施本单位的生产安全事故应急救援预案；

⑦ 及时、如实报告生产安全事故。

3. 安全生产责任制的建立和落实

生产经营单位的安全生产责任制应当明确各岗位的责任人员、责任范围和考核标准等内容。生产经营单位应当建立相应的机制，加强对安全生产责任制落实情况的监督考核，保证安全生产责任制的落实。

4. 安全生产资金投入

生产经营单位应当具备的安全生产条件所必需的资金投入，由生产经营单位的决策机构、主要负责人或者个人经营的投资人予以保证，并对由于安全生产所必需的资金投入不足导致的后果承担责任。有关生产经营单位应当按照规定提取和使用安全生产费用，专门用于改善安全生产条件。安全生产费用在成本中据实列支。安全生产费用提取、使用和监督管理的具体办法由国务院财政部门会同国务院安全生产监督管理部门征

求国务院有关部门意见后制定。

5. 安全生产管理机构和人员的设置和配备以及相关职责

矿山、金属冶炼、建筑施工、道路运输单位和危险物品的生产、经营、储存单位，应当设置安全生产管理机构或者配备专职安全生产管理人员。其他生产经营单位，从业人员超过100人的，应当设置安全生产管理机构或者配备专职安全生产管理人员；从业人员在100人以下的，应当配备专职或者兼职的安全生产管理人员。生产经营单位的安全生产管理机构以及安全生产管理人员履行下列职责：

① 组织或者参与拟订本单位安全生产规章制度、操作规程和生产安全事故应急救援预案；

② 组织或者参与本单位安全生产教育和培训，如实记录安全生产教育和培训情况；

③ 组织开展危险源辨识和评估工作，督促落实本单位重大危险源的安全管理措施；

④ 组织或者参与本单位应急救援演练；

⑤ 检查本单位的安全生产状况，及时排查生产安全事故隐患，提出改进安全生产管理的建议；

⑥ 制止和纠正违章指挥、强令冒险作业、违反操作规程的行为；

⑦ 督促落实本单位安全生产整改措施。

生产经营单位可以设置专职安全生产分管负责人，协助本单位主要负责人履行安全生产管理职责。

生产经营单位的安全生产管理机构以及安全生产管理人员应当恪尽职守，依法履行职责。生产经营单位作出涉及安全生产的经营决策，应当听取安全生产管理机构以及安全生产管理人员的意见。生产经营单位不得因安全生产管理人员依法履行职责而降低其工资、福利等待遇或者解除与其订立的劳动合同。危险物品的生产、储存单位以及矿山、金属冶炼单位的安全生产管理人员的任免，应当告知负有安全生产监督管理职责的主管部门。生产经营单位的主要负责人和安全生产管理人员必须具备与本单位所从事的生产经营活动相适应的安全生产知识和管理能力。危险物品的生产、经营、储存单位以及矿山、金属冶炼、建筑施工、道路运输单位的主要负责人和安全生产管理人员，应当由主管的负有安全生产监督管理职责的部门对其安全生产知识和管理能力考核合格。考核不得收费。危险物品的生产、储存单位以及矿山、金属冶炼单位应当由注册安全工程师来从事安全生产管理工作。鼓励其他生产经营单位聘用注册安全工程师从事安全生产管理工作。注册安全工程师按专业分类管理，具体办法由国务院人力资源和社会保障部门、国务院安全生产监督管理部门会同国务院有关部门制定。

6. 安全生产教育培训和资格要求

生产经营单位应当对从业人员进行安全生产教育和培训，保证从业人员具备必要的安全生产知识，熟悉有关的安全生产规章制度和安全操作规程，掌握本岗位的安全操作技能，了解事故应急处理措施，知悉自身在安全生产方面的权利和义务。未经安全生产教育和培训合格的从业人员，不得上岗作业。生产经营单位使用被派遣劳动者的，应当将被派遣劳动者纳入本单位从业人员统一管理，对被派遣劳动者进行岗位安全操作规程和安全操作技能的教育和培训。劳务派遣单位应当对被派遣劳动者进行必要的安全生产教育和培训。生产经营单位接收中等职业学校、高等学校学生实习的，应当对实习学生进行相应的安全生产教育和培训，提供必要的劳动防护用品。学校应当协助生产经营单位对实习学生进行安全生产教育和培训。生产经营单位应当建立安全生产教育和培训档案，如实记录安全生产教育和培训的时间、内容、参加人员以及考核结果等情况。生产经营单位采用新工艺、新技术、新材料或者使用新设备时，必须了解、掌握其安全技术特性，采取有效的安全防护措施，并对从业人员进行专门的安全生产教育和培训。

生产经营单位的特种作业人员必须按照国家有关规定经专门的安全作业培训，取得相应资格，方可上岗作业。特种作业人员的范围由国务院安全生产监督管理部门会同国务院有关部门确定。

7. 安全设施“三同时”原则和安全评价

生产经营单位新建、改建、扩建工程项目（以下统称建设项目）的安全设施，必须与主体工程同时设计、同时施工、同时投入生产和使用。安全设施投资应当纳入建设项目概算。矿山、金属冶炼建设项目和用于生产、储存、装卸危险物品的建设项目，应当按照国家有关规定进行安全评价。

8. 安全设施设计、施工验收和监督核查

建设项目安全设施的设计人员、设计单位应当对安全设施设计负责。矿山、金属冶炼建设项目和用于生产、储存、装卸危险物品的建设项目的安全设施设计应当按照国家有关规定报经有关部门审查，审查部门及其负责审查的人员对审查结果负责。矿山、金属冶炼建设项目和用于生产、储存、装卸危险物品的建设项目的施工单位必须按照批准的安全设施设计施工，并对安全设施的工程质量负责。矿山、金属冶炼建设项目和用于生产、储存危险物品的建设项目竣工投入生产或者使用前，应当由建设单位负责组织对安全设施进行验收；验收合格后，方可投入生产和使用。安全生产监督管理部门应当加强对建设单位验收活动和验收结果的监督核查。

9. 安全设备管理，特种设备及危险品容器、运输工具特殊管理

生产经营单位应当在有较大危险因素的生产经营场所和有关设施、设备上，设置明显的安全警示标志。安全设备的设计、制造、安装、使用、检测、维修、改造和报废，应当符合国家标准或者行业标准。生产经营单位必须对安全设备进行经常性维护、保

养，并定期检测，保证正常运转。维护、保养、检测应当做好记录，并由有关人员签字。生产经营单位不得关闭、破坏直接关系生产安全的监控、报警、防护、救生设备、设施，或者篡改、隐瞒、销毁其相关数据、信息。餐饮等行业的生产经营单位使用燃气的，应当安装可燃气体报警装置，并保障其正常使用。生产经营单位使用的危险物品的容器、运输工具，以及涉及人身安全、危险性较大的海洋石油开采特种设备和矿山井下特种设备，必须按照国家有关规定，由专业生产单位生产，并经具有专业资质的检测、检验机构进行检测、检验合格，取得安全使用证或者安全标志，方可投入使用。检测、检验机构对检测、检验结果负责。

10. 严重危及生产安全的工艺、设备淘汰制度

国家对严重危及生产安全的工艺、设备实行淘汰制度，具体目录由国务院安全生产监督管理部门会同国务院有关部门制定并公布。生产经营单位不得使用应当淘汰的危及生产安全的工艺、设备。

11. 危险物品及废弃危险物品监督

生产、经营、运输、储存、使用危险物品或者处置废弃危险物品的，由有关主管部门依照有关法律、法规的规定和国家标准或者行业标准审批并实施监督管理。生产经营单位生产、经营、运输、储存、使用危险物品或者处置废弃危险物品，必须执行有关法律、法规和国家标准或者行业标准，建立专门的安全管理制度，采取可靠的安全措施，接受有关主管部门依法实施的监督管理。

12. 重大危险源管理

生产经营单位对重大危险源应当登记建档，进行定期检测、评估、监控，并制定应急预案，告知从业人员和相关人员在紧急情况下应当采取的应急措施。生产经营单位应当按照国家有关规定将本单位重大危险源及有关安全措施、应急措施报地方人民政府应急管理部门和有关部门备案。地方人民政府应急管理部门和有关部门应当通过相关信息系统实现信息共享。生产经营单位应当建立安全风险分级管控制度，按照安全风险分级采取相应的管控措施。生产经营单位应当建立健全并落实生产安全事故隐患排查治理制度，采取技术、管理措施，及时发现并消除事故隐患。事故隐患排查治理情况应当如实记录，并通过职工大会或者职工代表大会、信息公示栏等方式向从业人员通报。其中，重大事故隐患排查治理情况应当及时向负有安全生产监督管理职责的部门和职工大会或者职工代表大会报告。县级以上地方各级人民政府负有安全生产监督管理职责的部门应当将重大事故隐患纳入相关信息系统，建立健全重大事故隐患治理督办制度，督促生产经营单位消除重大事故隐患。

13. 生产经营场所和宿舍安全要求

生产、经营、储存、使用危险物品的车间、商店、仓库不得与员工宿舍在同一座建筑物内，并应当与员工宿舍保持安全距离。生产经营场所和员工宿舍应当设有符合紧急疏散要求、标志明显、保持畅通的出口。禁止锁闭、封堵生产经营场所或者员工宿舍的出口。

14. 危险作业现场的安全管理

生产经营单位进行爆破、吊装以及国务院安全生产监督管理部门会同国务院有关部门规定的其他危险作业，应当安排专门人员进行现场安全管理，确保操作规程的遵守和安全措施的落实。

15. 安全检查和报告义务

生产经营单位应当教育和督促从业人员严格执行本单位的安全生产规章制度和安全操作规程，并向从业人员如实告知作业场所和工作岗位存在的危险因素、防范措施以及事故应急措施。生产经营单位应当关注从业人员的身体、心理状况和行为习惯，加强对从业人员的心理疏导、精神慰藉，严格落实岗位安全生产责任，防范从业人员行为异常导致事故发生。生产经营单位必须为从业人员提供符合国家标准或者行业标准的劳动防护用品，并监督、教育从业人员按照使用规则佩戴、使用。

16. 生产经营单位发包或者出租情况下的安全生产责任

生产经营单位的安全生产管理人员应当根据本单位的生产经营特点，对安全生产状况进行经常性检查；对检查中发现的安全问题，应当立即处理；不能处理的，应当及时报告本单位有关负责人，有关负责人应当及时处理。检查及处理情况应当如实记录在案。生产经营单位的安全生产管理人员在检查中发现重大事故隐患，依照前款规定向本单位有关负责人报告，有关负责人不及时处理的，安全生产管理人员可以向主管的负有安全生产监督管理职责的部门报告，接到报告的部门应当依法及时处理。

生产经营单位应当安排用于配备劳动防护用品、进行安全生产培训的经费。两个以上生产经营单位在同一作业区域内进行生产经营活动，可能危及对方生产安全的，应当签订安全生产管理协议，明确各自的安全生产管理职责和应当采取的安全措施，并指定专职安全生产管理人员进行安全检查与协调。

生产经营单位不得将生产经营项目、场所、设备发包或者出租给不具备安全生产条件或者相应资质的单位或者个人。生产经营项目、场所发包或者出租给其他单位的，生产经营单位应当与承包单位、承租单位签订专门的安全生产管理协议，或者在承包合同、租赁合同中约定各自的安全生产管理职责；生产经营单位对承包单位、承租单位的安全生产工作统一协调、管理，定期进行安全检查，发现安全问题的，应当及时督促整改。矿山、金属冶炼建设项目和用于生产、储存、装卸危险物品的建设项目的施工单位应当加强对施工项目的安全管理，不得倒卖、出租、出借、挂靠或者以其他形式非法转让施工资质，不得将其承包的全部建设工程转包给第三人或者将其承包的全部建设工程支解以后以分包的名义分别转包给第三人，不得将工程分包给不具备相应资质条件的单位。

17. 生产安全事故及工伤处理

生产经营单位发生生产安全事故时，单位的主要负责人应当立即组织抢救，并不得在事故调查处理期间擅离职守。生产经营单位必须依法参加工伤保险，为从业人员缴纳保险费。国家鼓励生产经营单位投保安全生产责任保险；属于国家规定的高危行业、领域的生产经营单位，应当投保安全生产责任保险。具体范围和实施办法由国务院应急管理部门会同国务院财政部门、国务院保险监督管理机构和相关行业主管部门制定。

二、从业人员权利和义务的规定

《安全生产法》规定的从业人员权利和义务主要有：

1）从业人员与生产经营单位订立的劳动合同应当载明与从业人员劳动安全有关的事项，以及生产经营单位不得以协议免除或者减轻安全事故伤亡责任。

2）从业人员有权了解其作业场所和工作岗位存在的危险因素、防范措施及事故应急措施，有权对本单位的安全生产工作提出建议。

3）从业人员有权对本单位存在的安全问题提出批评、检举、控告，有权拒绝违章指挥和强令冒险作业。

4）从业人员发现直接危及人身安全的紧急情况时，有权停止作业或者在采取可能的应急措施后撤离作业场所。生产经营单位不得因从业人员在前款紧急情况下停止作业或者采取紧急撤离措施而降低其工资、福利等待遇或者解除与其订立的劳动合同。

5）生产经营单位发生生产安全事故后，应当及时采取措施救治有关人员。因生产安全事故受到损害的从业人员，除依法享有工伤保险外，依照有关民事法律尚有获得赔偿的权利的，有权提出赔偿要求。

6）从业人员在作业过程中，应当严格落实岗位安全责任，遵守本单位的安全生产规章制度和操作规程，服从管理，正确佩戴和使用劳动防护用品。

7）从业人员应当接受安全生产教育和培训，掌握本职工作所需的安全生产知识，提高安全生产技能，增强事故预防和应急处理能力。

8）从业人员发现事故隐患或者其他不安全因素，应当立即向现场安全生产管理人员或者本单位负责人报告；接到报告的人员应当及时予以处理。

9）生产经营单位使用被派遣劳动者的，被派遣劳动者享有《安全生产法》规定的从业人员的权利，履行从业人员的义务。

三、安全生产监督管理的规定

《安全生产法》对安全生产的监督管理作出了规定，包括以下主要内容。

1. 政府及安全生产监督管理部门的职责

县级以上地方各级人民政府应当根据本行政区域内的安全生产状况，组织有关部门按照职责分工，对本行政区域内容易发生重大生产安全事故的生产经营单位进行严格检查。安全生产监督管理部门应当按照分类分级监督管理的要求，制定安全生产年度监督检查计划，并按照年度监督检查计划进行监督检查，发现事故隐患，应当及时处理。

2. 安全生产事项的审批

负有安全生产监督管理职责的部门依照有关法律、法规的规定，对涉及安全生产的事项需要审查批准（包括批准、核准、许可、注册、认证、颁发证照等，下同）或者验收的，必须严格依照有关法律、法规和国家标准或者行业标准规定的安全生产条件和程序进行审查；不符合有关法律、法规和国家标准或者行业标准规定的安全生产条件的，不得批准或者验收通过。对未依法取得批准或者验收合格的单位擅自从事有关活动的，负责行政审批的部门发现或者接到举报后应当立即予以取缔，并依法予以处理。对已经依法取得批准的单位，负责行政审批的部门发现其不再具备安全生产条件的，应当撤销原批准。

3. 政府监管的要求

负有安全生产监督管理职责的部门对涉及安全生产的事项进行审查、验收，不得收取费用；不得要求接受审查、验收的单位购买其指定品牌或者指定生产、销售单位的安全设备、器材或者其他产品。

4. 监督检查的实施

安全生产监督管理部门和其他负有安全生产监督管理职责的部门依法开展安全生产行政执法工作，对生产经营单位执行有关安全生产的法律、法规和国家标准或者行业标准的情况进行监督检查，行使以下职权：

① 进入生产经营单位进行检查，调阅有关资料，向有关单位和人员了解情况；

② 对检查中发现的安全生产违法行为，当场予以纠正或者要求限期改正；对依法应当给予行政处罚的行为，依照《安全生产法》和其他有关法律、行政法规的规定作出行政处罚决定；

③ 对检查中发现的事故隐患，应当责令立即排除；重大事故隐患排除前或者排除过程中无法保证安全的，应当责令从危险区域内撤出作业人员，责令暂时停产停业或者停止使用相关设施、设备；重大事故隐患排除后，经审查同意，方可恢复生产经营和使用；

④ 对有根据认为不符合保障安全生产的国家标准或者行业标准的设施、设备、器材以及违法生产、储存、使用、经营、运输的危险物品予以查封或者扣押，对违法生产、储存、使用、经营危险物品的作业场所予以查封，并依法作出处理决定。监督检查不得影响被检查单位的正常生产经营活动。

生产经营单位对负有安全生产监督管理职责的部门的监督检查人员（以下统称安全生产监督检查人员）依法履行监督检查职责，应当予以配合，不得拒绝、阻挠。安全生产监督检查人员应当忠于职守，坚持原则，秉公执法。

安全生产监督检查人员执行监督检查任务时，必须出示有效的监督执法证件；涉及被检查单位的技术秘密和业务秘密时，应当为其保密。安全生产监督检查人员应当将检查的时间、地点、内容、发现的问题及其处理情况，作出书面记录，并由检查人员和被检查单位的负责人签字；被检查单位的负责人拒绝签字的，检查人员应当将情况记录在案，并向负有安全生产监督管理职责的部门报告。

负有安全生产监督管理职责的部门在监督检查中，应当互相配合，实行联合检查；确需分别进行检查的，应当互通情况，发现存在的安全问题应当由其他有关部门进行处理的，应当及时移送其他有关部门并形成记录备查，接受移送的部门应当及时进行处理。

负有安全生产监督管理职责的部门依法对存在重大事故隐患的生产经营单位作出停产停业、停止施工、停止使用相关设施或者设备的决定，生产经营单位应当依法执行，及时消除事故隐患。生产经营单位拒不执行，有发生生产安全事故的现实危险的，在保证安全的前提下，经本部门主要负责人批准，负有安全生产监督管理职责的部门可以采取通知有关单位停止供电、停止供应民用爆炸物品等措施，强制生产经营单位履行决定。通知应当采用书面形式，有关单位应当予以配合。

负有安全生产监督管理职责的部门依照前款规定采取停止供电措施，除有危及生产安全的紧急情形外，应当提前 24 小时通知生产经营单位。生产经营单位依法履行行政决定、采取相应措施消除事故隐患的，负有安全生产监督管理职责的部门应当及时解除前款规定的措施。监察机关依照行政监察法的规定，对负有安全生产监督管理职责的部门及其工作人员履行安全生产监督管理职责实施监察。

承担安全评价、认证、检测、检验职责的机构应当具备国家规定的资质条件，并对其作出的安全评价、认证、检测、检验结果的合法性、真实性负责。资质条件由国务院应急管理部门会同国务院有关部门制定。承担安全评价、认证、检测、检验职责的机构应当建立并实施服务公开和报告公开制度，不得租借资质、挂靠、出具虚假报告。负有安全生产监督管理职责的部门应当建立举报制度，公开举报电话、信箱或者电子邮件地址等网络举报平台，受理有关安全生产的举报；受理的举报事项经调查核实后，应当形成书面材料；需要落实整改措施的，报经有关负责人签字并督促落实。对不属于本部门职责，需要由其他有关部门进行调查处理的，转交其他有关部门处理。涉及人员死亡的举报事项，应当由县级以上人民政府组织核查处理。

5. 安全生产举报制度

任何单位或者个人对事故隐患或者安全生产违法行为，均有权向负有安全生产监督管理职责的部门报告或者举报。因安全生产违法行为造成重大事故隐患或者导致重大事故，致使国家利益或者社会公共利益受到侵害的，人民检察院可以根据民事诉讼法、行政诉讼法的相关规定提起公益诉讼。居民委员会、村民委员会发现其所在区域内的生产经营单位存在事故隐患或者安全生产违法行为时，应当向当地人民政府或者有关部门报告。县级以上各级人民政府及其有关部门对报告重大事故隐患或者举报安全生产违法行为的有功人员，给予奖励。具体奖励办法由国务院安全生产监督管理部门会同国务院财政部门制定。

6. 安全生产舆论监督及信息记录公告

新闻、出版、广播、电影、电视等单位有进行安全生产公益宣传教育的义务，有对违反安全生产法律、法规的行为进行舆论监督的权利。负有安全生产监督管理职责的部门应当建立安全生产违法行为信息库，如实记录生产经营单位及其有关从业人员的安全生产违法行为信息；对违法行为情节严重的生产经营单位及其有关从业人员，应当及时向社会公告，并通报行业主管部门、投资主管部门、自然资源主管部门、生态环境主管部门、证券监督管理机构以及有关金融机构。有关部门和机构应当对存在失信行为的生产经营单位及其有关从业人员采取加大执法检查频次、暂停项目审批、上调有关保险费率、行业或者职业禁入等联合惩戒措施，并向社会公示。负有安全生产监督管理职责的部门应当加强对生产经营单位行政处罚信息的及时归集、共享、应用和公开，对生产经营单位作出处罚决定后七个工作日内在监督管理部门公示系统予以公开曝光，强化对违法失信生产经营单位及其有关从业人员的社会监督，提高全社会安全生产诚信水平。

四、事故应急救援与调查处理的规定

《安全生产法》对生产安全事故的应急救援和调查处理做出规定，包括以下主要内容。

1. 安全生产责任事故应急救援

1）县级以上地方各级人民政府应当组织有关部门制定本行政区域内特大生产安全事故应急救援预案，建立应急救援体系。乡镇人民政府和街道办事处，以及开发区、工业园区、港区、风景区等应当制定相应的生产安全事故应急救援预案，协助人民政府有关部门或者按照授权依法履行生产安全事故应急救援工作职责。

2）危险物品的生产、经营、储存单位以及矿山、建筑施工单位应当建立应急救援组织；生产经营规模较小，可以不建立应急救援组织的，应当指定兼职的应急救援人员。

3）危险物品的生产、经营、储存单位以及矿山、建筑施工单位应当配备必要的应急救援器材、设备，并进行经常性维护、保养，保证正常运转。

2. 安全生产责任事故报告

1）生产经营单位发生生产安全事故后，事故现场有关人员应当立即报告本单位负责人。

2）负有安全生产监督管理职责的部门接到事故报告后，应当立即按照国家有关规定上报事故情况。负有安全生产监督管理职责的部门和有关地方人民政府对事故情况不得隐瞒不报、谎报或者迟报。

3）有关地方人民政府和负有安全生产监督管理职责部门的负责人接到重大生产安全事故报告后，应当立即赶到事故现场，组织事故抢救。

3. 安全生产责任事故调查处理

1）事故调查处理应当按照科学严谨、依法依规、实事求是、注重实效的原则，及时、准确地查清事故原因，查明事故性质和责任，评估应急处置工作，总结事故教训，提出整改措施，并对事故责任单位和人员提出处理建议。事故调查报告应当依法及时向社会公布。事故调查和处理的具体办法由国务院制定。事故发生单位应当及时全面落实整改措施，负有安全生产监督管理职责的部门应当加强监督检查。负责事故调查处理的国务院有关部门和地方人民政府应当在批复事故调查报告后一年内，组织有关部门对事故整改和防范措施落实情况进行评估，并及时向社会公开评估结果；对不履行职责导致事故整改和防范措施没有落实的有关单位和人员，应当按照有关规定追究责任。

2）生产经营单位发生生产安全事故，经调查确定为责任事故的，除了应当查明事故单位的责任并依法予以追究外，还应当查明对安全生产的有关事项负有审查批准和监督职责的行政部门的责任，对有失职、渎职行为的，追究法律责任。

3）任何单位和个人不得阻挠和干涉对事故的依法调查处理。

4）县级以上地方各级人民政府负责安全生产监督管理的部门应当定期统计分析本行政区域内发生生产安全事故的情况，并定期向社会公布。

五、施工单位违法行为的处罚规定

《安全生产法》规定了安全生产违法行为的法律责任。包括：行政责任、民事责任和刑事责任。

第四节　劳动法和劳动合同法

一、劳动安全卫生的规定

《劳动法》对劳动安全卫生规定有6条，包括：劳动安全卫生制度、劳动安全卫生设施、劳动防护用品、从业资格、劳动者义务和权益、伤亡事故和职业病统计报告和处理制度。

1. 劳动安全卫生制度

用人单位必须建立健全劳动安全卫生制度，严格执行国家劳动安全卫生规程和标准，对劳动者进行劳动安全卫生教育，防止劳动过程中的事故，减少职业危害。

2. 劳动安全卫生设施

劳动安全卫生设施必须符合国家规定的标准。新建、改建、扩建工程的劳动安全卫生设施必须与主体工程同时设计、同时施工、同时投入生产和使用。

3. 劳动防护用品

用人单位必须为劳动者提供符合国家规定的劳动安全卫生条件和必要的劳动防护用品，对从事有职业危害作业的劳动者应当定期进行健康检查。

4. 从业资格

从事特种作业的劳动者必须经过专门培训并取得特种作业资格。

5. 劳动者义务和权益

劳动者在劳动过程中必须严格遵守安全操作规程。劳动者对用人单位管理人员违章指挥、强令冒险作业，有权拒绝执行；对危害生命安全和身体健康的行为，有权提出批评、检举和控告。

6. 伤亡事故和职业病统计报告和处理制度

国家建立伤亡事故和职业病统计报告和处理制度。县级以上各级人民政府劳动行政部门、有关部门和用人单位应当依法对劳动者在劳动过程中发生的伤亡事故和劳动者的职业病状况，进行统计、报告和处理。

二、劳动合同和集体合同的规定

《劳动合同法》关于劳动合同和集体合同的规定包括：

1. 劳动合同

（1）劳动合同的订立

用人单位自用工之日起即与劳动者建立劳动关系。用人单位应当建立职工名册备查。用人单位招用劳动者时，应当如实告知劳动者工作内容、工作条件、工作地点、职业危害、安全生产状况、劳动报酬，以及劳动者要求了解的其他情况；用人单位有权了解劳动者与劳动合同直接相关的基本情况，劳动者应当如实说明。

用人单位招用劳动者，不得扣押劳动者的居民身份证和其他证件，不得要求劳动者提供担保或者以其他名义向劳动者收取财物。

已建立劳动关系，未同时订立书面劳动合同的，应当自用工之日起一个月内订立书面劳动合同。用人单位与劳动者在用工前订立劳动合同的，劳动关系自用工之日起建立。

用人单位未在用工的同时订立书面劳动合同，与劳动者约定的劳动报酬不明确的，新招用的劳动者的劳动报酬按照集体合同规定的标准执行；没有集体合同或者集体合同未规定的，实行同工同酬。

（2）劳动合同的条款

劳动合同应当具备以下条款：

① 用人单位的名称、住所和法定代表人或者主要负责人；

② 劳动者的姓名、住址和居民身份证或者其他有效身份证件号码；

③ 劳动合同期限；

④ 工作内容和工作地点；

⑤ 工作时间和休息休假；

⑥ 劳动报酬；

⑦ 社会保险；

⑧ 劳动保护、劳动条件和职业危害防护；

⑨ 法律、法规规定应当纳入劳动合同的其他事项。

劳动合同除前款规定的必备条款外，用人单位与劳动者可以约定试用期、培训、保守秘密、补充保险和福利待遇等其他事项。

（3）劳动合同的期限

劳动合同期限 3 个月以上不满 1 年的，试用期不得超过 1 个月；劳动合同期限 1 年以上不满 3 年的，试用期不得超过 2 个月；3 年以上固定期限和无固定期限的劳动合同，试用期不得超过 6 个月。

（4）劳动合同的无效情形

下列劳动合同无效或者部分无效：

① 以欺诈、胁迫的手段或者乘人之危，使对方在违背真实意思的情况下订立或者变更劳动合同的；

② 用人单位免除自己的法定责任、排除劳动者权利的；

③ 违反法律、行政法规强制性规定的。

对劳动合同的无效或者部分无效有争议的，由劳动争议仲裁机构或者人民法院确认。

（5）劳动合同的履行和变更

用人单位与劳动者应当按照劳动合同的约定，全面履行各自的义务。用人单位应当按照劳动合同约定和国家规定，向劳动者及时足额支付劳动报酬。用人单位拖欠或者未足额支付劳动报酬的，劳动者可以依法向当地人民法院申请支付令，人民法院应当依法发出支付令。

用人单位应当严格执行劳动定额标准，不得强迫或者变相强迫劳动者加班。用人单位安排加班的，应当按照国家有关规定向劳动者支付加班费。

用人单位与劳动者协商一致，可以变更劳动合同约定的内容。变更劳动合同，应当采用书面形式。变更后的劳动合同文本由用人单位和劳动者各执一份。

（6）劳动合同的解除和阻止

① 时间：劳动者提前 30 日以书面形式通知用人单位，可以解除劳动合同。劳动者在试用期内提前 3 日通知用人单位，可以解除劳动合同。

② 用人单位有下列情形之一的，劳动者可以解除劳动合同：未按照劳动合同约定提供劳动保护或者劳动条件的；未及时足额支付劳动报酬的；未依法为劳动者缴纳社会保险费的；用人单位的规章制度违反法律、法规的规定，损害劳动者权益的；因《劳动合同法》第二十六条第一款规定的情形致使劳动合同无效的；法律、行政法规规定劳动者可以解除劳动合同的其他情形。

用人单位以暴力、威胁或者非法限制人身自由的手段强迫劳动者劳动的，或者用人单位违章指挥、强令冒险作业危及劳动者人身安全的，劳动者可以立即解除劳动合同，不需事先告知用人单位。

③ 劳动者有下列情形之一的，用人单位可以解除劳动合同：

在试用期间被证明不符合录用条件的；严重违反用人单位的规章制度的；严重失职，营私舞弊，给用人单位造成重大损害的；劳动者同时与其他用人单位建立劳动关系，对完成本单位的工作任务造成严重影响，或者经用人单位提出，拒不改正的；因《劳动合同法》第二十六条第一款第一项规定的情形致使劳动合同无效的；被依法追究刑事责任的。

（7）不得解除劳动合同的情形

劳动者有下列情形之一的，用人单位不得解除劳动合同：

① 从事接触职业病危害作业的劳动者未进行离岗前职业健康检查，或者疑似职业病病人在诊断或者医学观察期间的；

② 在本单位患职业病或者因工负伤并被确认丧失或者部分丧失劳动能力的；

③ 患病或者非因工负伤，在规定的医疗期内的；

④ 女职工在孕期、产期、哺乳期的；

⑤ 在本单位连续工作满 15 年，且距法定退休年龄不足 5 年的；

⑥ 法律、行政法规规定的其他情形。

（8）劳动合同的终止

有下列情形之一的，劳动合同终止：

① 劳动合同期满的；

② 劳动者开始依法享受基本养老保险待遇的；

③ 劳动者死亡，或者被人民法院宣告死亡或者宣告失踪的；

④ 用人单位被依法宣告破产的；

⑤ 用人单位被吊销营业执照、责令关闭、撤销或者用人单位决定提前解散的；

⑥ 法律、行政法规规定的其他情形。

2. 集体合同

（1）集体合同的概念

企业职工一方与用人单位通过平等协商，可以就劳动报酬、工作时间、休息休假、劳动安全卫生、保险福利等事项订立集体合同。集体合同草案应当提交职工代表大会或者全体职工讨论通过。集体合同由工会代表企业职工一方与用人单位订立；尚未建立工会的用人单位，由上级工会指导劳动者推举的代表与用人单位订立。企业职工一方与用人单位可以订立劳动安全卫生、女职工权益保护、工资调整机制等专项集体合同。在县级以下区域内，建筑业、采矿业、餐饮服务业等行业可以由工会与企业方面代表订立行业性集体合同，或者订立区域性集体合同。

（2）集体合同的订立

集体合同订立后，应当报送劳动行政部门；劳动行政部门自收到集体合同文本之日起 15 日内未提出异议的，集体合同即行生效。

（3）集体合同的效力

依法订立的集体合同对用人单位和劳动者具有约束力。行业性、区域性集体合同对当地本行业、本区域的用人单位和劳动者具有约束力。

（4）集体合同劳动报酬的标准

集体合同中劳动报酬和劳动条件等标准不得低于当地人民政府规定的最低标准；用人单位与劳动者订立的劳动合同中劳动报酬和劳动条件等标准不得低于集体合同规定的标准。

（5）违反处理

用人单位违反集体合同，侵犯职工劳动权益的，工会可以依法要求用人单位承担责任；因履行集体合同发生争议，经协商解决不成的，工会可以依法申请仲裁、提起诉讼。

第五节　消防法

一、建设工程火灾预防及灭火救援的相关规定

1. 建设工程火灾预防的相关规定

（1）建设工程消防质量责任

建设工程的消防设计、施工必须符合国家工程建设消防技术标准。建设、设计、施工、工程监理等单位依法对建设工程的消防设计、施工质量负责。

（2）消防设计审查和验收

① 对按照国家工程建设消防技术标准需要进行消防设计的建设工程，实行建设工程消防设计审查验收制度。

② 国务院住房和城乡建设主管部门规定的特殊建设工程，建设单位应当将消防设计文件报送住房和城乡建设主管部门审查，住房和城乡建设主管部门依法对审查的结果负责。规定以外的其他建设工程，建设单位申请领取施工许可证或者申请批准开工报告时应当提供满足施工需要的消防设计图纸及技术资料。

③ 特殊建设工程未经消防设计审查或者审查不合格的，建设单位、施工单位不得施工；其他建设工程，建设单位未提供满足施工需要的消防设计图纸及技术资料的，有关部门不得发放施工许可证或者批准开工报告。

④ 国务院住房和城乡建设主管部门规定应当申请消防验收的建设工程竣工，建设单位应当向住房和城乡建设主管部门申请消防验收。规定以外的其他建设工程，建设单位在验收后应当报住房和城乡建设主管部门备案，住房和城乡建设主管部门应当进行抽查。依法应当进行消防验收的建设工程，未经消防验收或者消防验收不合格的，禁止投入使用；其他建设工程经依法抽查不合格的，应当停止使用。

（3）消防产品的使用和监督检查

① 消防产品必须符合国家标准；没有国家标准的，必须符合行业标准。禁止生产、销售或者使用不合格的消防产品以及国家明令淘汰的消防产品。依法实行强制性产品认证的消防产品，由具有法定资质的认证机构按照国家标准、行业标准的强制性要求认证合格后，方可生产、销售、使用。实行强制性产品认证的消防产品目录，由国务院产品

质量监督部门会同国务院应急管理部门制定并公布。新研制的尚未制定国家标准、行业标准的消防产品，应当按照国务院产品质量监督部门会同国务院应急管理部门规定的办法，经技术鉴定符合消防安全要求的，方可生产、销售、使用。

② 产品质量监督部门、工商行政管理部门、消防救援机构应当按照各自职责加强对消防产品质量的监督检查。

③ 建筑构件、建筑材料和室内装修、装饰材料的防火性能必须符合国家标准；没有国家标准的，必须符合行业标准。人员密集场所室内装修、装饰，应当按照消防技术标准的要求，使用不燃、难燃材料。

④ 电器产品、燃气用具的产品标准，应当符合消防安全的要求。电器产品、燃气用具的安装、使用及其线路、管路的设计、敷设、维护保养、检测，必须符合消防技术标准和管理规定。

（4）消防安全职责

施工单位的主要负责人是本单位的消防安全责任人。

施工单位应当履行下列消防安全职责：

① 落实消防安全责任制，制定本单位的消防安全制度、消防安全操作规程，制定灭火和应急疏散预案；

② 按照国家标准、行业标准配置消防设施、器材，设置消防安全标志，并定期组织检验、维修，确保完好有效；

③ 对建筑消防设施每年至少进行一次全面检测，确保完好有效，检测记录应当完整准确，存档备查；

④ 保障疏散通道、安全出口、消防车通道畅通，保证防火防烟分区、防火间距符合消防技术标准；

⑤ 组织防火检查，及时消除火灾隐患；

⑥ 组织进行有针对性的消防演练；

⑦ 法律、法规规定的其他消防安全职责。

消防安全重点单位除应当履行以上规定的职责外，还应当履行下列消防安全职责：

① 确定消防安全管理人，组织实施本单位的消防安全管理工作；

② 建立消防档案，确定消防安全重点部位，设置防火标志，实行严格管理；

③ 实行每日防火巡查，并建立巡查记录；

④ 对职工进行岗前消防安全培训，定期组织消防安全培训和消防演练。

同一建筑物由两个以上单位管理或者使用的，应当明确各方的消防安全责任，并确定责任人对共用的疏散通道、安全出口、建筑消防设施和消防车通道进行统一管理。

（5）施工现场消防管理

① 生产、储存、经营易燃易爆危险品的场所不得与居住场所设置在同一建筑物内，并应当与居住场所保持安全距离。生产、储存、经营其他物品的场所与居住场所设置在

同一建筑物内的，应当符合国家工程建设消防技术标准。

② 禁止在具有火灾、爆炸危险的场所吸烟、使用明火。因施工等特殊情况需要使用明火作业的，应当按照规定事先办理审批手续，采取相应的消防安全措施；作业人员应当遵守消防安全规定。进行电焊、气焊等具有火灾危险作业的人员和自动消防系统的操作人员，必须持证上岗，并遵守消防安全操作规程。

③ 生产、储存、运输、销售、使用、销毁易燃易爆危险品，必须执行消防技术标准和管理规定。进入生产、储存易燃易爆危险品的场所，必须执行消防安全规定。禁止非法携带易燃易爆危险品进入公共场所或者乘坐公共交通工具。储存可燃物资仓库的管理，必须执行消防技术标准和管理规定。

④ 任何单位、个人不得损坏、挪用或者擅自拆除、停用消防设施、器材，不得埋压、圈占、遮挡消火栓或者占用防火间距，不得占用、堵塞、封闭疏散通道、安全出口、消防车通道。人员密集场所的门窗不得设置影响逃生和灭火救援的障碍物。

⑤ 负责公共消防设施维护管理的单位，应当保持消防供水、消防通信、消防车通道等公共消防设施的完好有效。在修建道路以及停电、停水、截断通信线路时有可能影响消防队灭火救援的，有关单位必须事先通知当地消防救援机构。

2. 建设工程灭火救援的相关规定

任何人发现火灾都应当立即报警。任何单位、个人都应当无偿为报警提供便利，不得阻拦报警。严禁谎报火警。人员密集场所发生火灾，该场所的现场工作人员应当立即组织、引导在场人员疏散。任何单位发生火灾，必须立即组织力量扑救。邻近单位应当给予支援。消防队接到火警，必须立即赶赴火灾现场，救助遇险人员，排除险情，扑灭火灾。

对因参加扑救火灾或者应急救援受伤、致残或者死亡的人员，按照国家有关规定给予医疗、抚恤。

消防救援机构有权根据需要封闭火灾现场，负责调查火灾原因，统计火灾损失。火灾扑灭后，发生火灾的单位和相关人员应当按照消防救援机构的要求保护现场，接受事故调查，如实提供与火灾有关的情况。消防救援机构根据火灾现场勘验、调查情况和有关的检验、鉴定意见，及时制作火灾事故认定书，作为处理火灾事故的证据。

二、施工单位违法行为的规定

1）违反《消防法》规定，有下列行为之一的，由住房和城乡建设主管部门、消防救援机构按照各自职权责令停止施工、停止使用或者停产停业，并处三万元以上三十万元以下罚款：

① 依法应当进行消防设计审查的建设工程，未经依法审查或者审查不合格，擅自

施工的；

② 依法应当进行消防验收的建设工程，未经消防验收或者消防验收不合格，擅自投入使用的。

2）违反《消防法》规定，有下列行为之一的，由住房和城乡建设主管部门责令改正或者停止施工，并处一万元以上十万元以下罚款：

① 建筑施工企业不按照消防设计文件和消防技术标准施工，降低消防施工质量的；

② 工程监理单位与建设单位或者建筑施工企业串通，弄虚作假，降低消防施工质量的。

3）单位违反《消防法》规定，有下列行为之一的，责令改正，处五千元以上五万元以下罚款：

① 消防设施、器材或者消防安全标志的配置、设置不符合国家标准、行业标准，或者未保持完好有效的；

② 损坏、挪用或者擅自拆除、停用消防设施、器材的；

③ 占用、堵塞、封闭疏散通道、安全出口或者有其他妨碍安全疏散行为的；

④ 埋压、圈占、遮挡消火栓或者占用防火间距的；

⑤ 占用、堵塞、封闭消防车通道，妨碍消防车通行的；

⑥ 人员密集场所在门窗上设置影响逃生和灭火救援的障碍物的；

⑦ 对火灾隐患经消防救援机构通知后不及时采取措施消除的。

个人有 3）中第②项、第③项、第④项、第⑤项行为之一的，处警告或者五百元以下罚款。

有 3）中第③项、第④项、第⑤项、第⑥项行为，经责令改正拒不改正的，强制执行，所需费用由违法行为人承担。

4）生产、储存、经营易燃易爆危险品的场所与居住场所设置在同一建筑物内，或者未与居住场所保持安全距离的，责令停产停业，并处五千元以上五万元以下罚款。生产、储存、经营其他物品的场所与居住场所设置在同一建筑物内，不符合消防技术标准的，责令停产停业，并处五千元以上五万元以下罚款。

5）违反《消防法》规定，有下列行为之一的，处警告或者五百元以下罚款；情节严重的，处五日以下拘留：

① 违反消防安全规定进入生产、储存易燃易爆危险品场所的；

② 违反规定使用明火作业或者在具有火灾、爆炸危险的场所吸烟、使用明火的。

6）违反《消防法》规定，有下列行为之一，尚不构成犯罪的，处十日以上十五日以下拘留，可以并处五百元以下罚款；情节较轻的，处警告或者五百元以下罚款：

① 指使或者强令他人违反消防安全规定，冒险作业的；

② 过失引起火灾的；

③ 在火灾发生后阻拦报警，或者负有报告职责的人员不及时报警的；

④ 扰乱火灾现场秩序，或者拒不执行火灾现场指挥员指挥，影响灭火救援的；

⑤ 故意破坏或者伪造火灾现场的；

⑥ 擅自拆封或者使用被消防救援机构查封的场所、部位的。

7）人员密集场所使用不合格的消防产品或者国家明令淘汰的消防产品的，责令限期改正；逾期不改正的，处五千元以上五万元以下罚款，并对其直接负责的主管人员和其他直接责任人员处五百元以上二千元以下罚款；情节严重的，责令停产停业。

8）电器产品、燃气用具的安装、使用及其线路、管路的设计、敷设、维护保养、检测不符合消防技术标准和管理规定的，责令限期改正；逾期不改正的，责令停止使用，可以并处一千元以上五千元以下罚款。

9）机关、团体、企业、事业等单位违反《消防法》第十六条、第十七条、第十八条、第二十一条第二款规定的，责令限期改正；逾期不改正的，对其直接负责的主管人员和其他直接责任人员依法给予处分或者给予警告处罚。

10）人员密集场所发生火灾，该场所的现场工作人员不履行组织、引导在场人员疏散的义务，情节严重，尚不构成犯罪的，处五日以上十日以下拘留。

11）消防设施维护保养检测、消防安全评估等消防技术服务机构，不具备从业条件从事消防技术服务活动或者出具虚假文件的，由消防救援机构责令改正，处五万元以上十万元以下罚款，并对直接负责的主管人员和其他直接责任人员处一万元以上五万元以下罚款；不按照国家标准、行业标准开展消防技术服务活动的，责令改正，处五万元以下罚款，并对直接负责的主管人员和其他直接责任人员处一万元以下罚款；有违法所得的，并处没收违法所得；给他人造成损失的，依法承担赔偿责任；情节严重的，依法责令停止执业或者吊销相应资格；造成重大损失的，由相关部门吊销营业执照，并对有关责任人员采取终身市场禁入措施。

消防设施维护保养检测、消防安全评估等消防技术服务机构出具失实文件，给他人造成损失的，依法承担赔偿责任；造成重大损失的，由消防救援机构依法责令停止执业或者吊销相应资格，由相关部门吊销营业执照，并对有关责任人员采取终身市场禁入措施。

第六节　建设工程安全生产管理条例

一、施工单位安全责任的规定

1. 工程承揽

施工单位从事建设工程的新建、扩建、改建和拆除等活动，应当具备国家规定的注册资本、专业技术人员、技术装备和安全生产等条件，依法取得相应等级的资质证书，并在其资质等级许可的范围内承揽工程。

2. 安全生产责任制度

施工单位主要负责人依法对本单位的安全生产工作全面负责。施工单位应当建立健全安全生产责任制度和安全生产教育培训制度，制定安全生产规章制度和操作规程，保证本单位安全生产条件所需资金的投入，对所承担的建设工程进行定期和专项安全检查，并做好安全检查记录。

施工单位的项目负责人应当由取得相应执业资格的人员担任，对建设工程项目的安全施工负责，落实安全生产责任制度、安全生产规章制度和操作规程，确保安全生产费用的有效使用，并根据工程的特点组织制定安全施工措施，消除安全事故隐患，及时、如实报告生产安全事故。

3. 安全施工费用管理

施工单位对列入建设工程概算的安全作业环境及安全施工措施所需费用，应当用于施工安全防护用具及设施的采购和更新、安全施工措施的落实、安全生产条件的改善，不得挪作他用。

4. 施工现场安全管理

施工单位应当设立安全生产管理机构，配备专职安全生产管理人员。专职安全生产管理人员负责对安全生产进行现场监督检查。发现安全事故隐患，应当及时向项目负责人和安全生产管理机构报告；对违章指挥、违章操作的，应当立即制止。专职安全生产管理人员的配备办法由国务院建设行政主管部门会同国务院其他有关部门制定。建设工程实行施工总承包的，由总承包单位对施工现场的安全生产负总责。总承包单位应当自行完成建设工程主体结构的施工。总承包单位依法将建设工程分包给其他单位的，分包合同中应当明确各自的安全生产方面的权利、义务。总承包单位和分包单位对分包工程的安全生产承担连带责任。分包单位应当服从总承包单位的安全生产管理，分包单位不服从管理导致生产安全事故的，由分包单位承担主要责任。

5. 安全生产教育培训

垂直运输机械作业人员、安装拆卸工、爆破作业人员、起重信号工、登高架设作业人员等特种作业人员，必须按照国家有关规定经过专门的安全作业培训，并取得特种作业操作资格证书后，方可上岗作业。施工单位的主要负责人、项目负责人、专职安全生产管理人员应当经建设行政主管部门或者其他有关部门考核合格后方可任职。施工单位应当对管理人员和作业人员每年至少进行一次安全生产教育培训，其教育培训情况记入个人工作档案。安全生产教育培训考核不合格的人员，不得上岗。

作业人员进入新的岗位或者新的施工现场前，应当接受安全生产教育培训。未经教育培训或者教育培训考核不合格的人员，不得上岗作业。施工单位在采用新技术、新工艺、新设备、新材料时，应当对作业人员进行相应的安全生产教育培训。

6. 安全技术措施和专项方案

施工单位应当在施工组织设计中编制安全技术措施和施工现场临时用电方案，对下列达到一定规模的危险性较大的分部分项工程编制专项施工方案，并附具安全验算结果，经施工单位技术负责人、总监理工程师签字后实施，由专职安全生产管理人员进行现场监督：

①基坑支护与降水工程；

②土方开挖工程；

③模板工程；

④起重吊装工程；

⑤脚手架工程；

⑥拆除、爆破工程；

⑦国务院建设行政主管部门或者其他有关部门规定的其他危险性较大的工程。

对前款所列工程中涉及深基坑、地下暗挖工程、高大模板工程的专项施工方案，施工单位还应当组织专家进行论证、审查。

建设工程施工前，施工单位负责项目管理的技术人员应当对有关安全施工的技术要求向施工作业班组、作业人员作出详细说明，并由双方签字确认。

7. 施工现场安全防护

施工单位应当在施工现场入口处、施工起重机械、临时用电设施、脚手架、出入通道口、楼梯口、电梯井口、孔洞口、桥梁口、隧道口、基坑边沿、爆破物及有害危险气体和液体存放处等危险部位，设置明显的安全警示标志。安全警示标志必须符合国家标准。施工单位应当根据不同施工阶段和周围环境及季节、气候的变化，在施工现场采取相应的安全施工措施。施工现场暂时停止施工的，施工单位应当做好现场防护，所需费用由责任方承担，或者按照合同约定执行。

8. 施工现场卫生、环境与消防安全管理

施工单位应当将施工现场的办公、生活区与作业区分开设置，并保持安全距离；办公、生活区的选址应当符合安全性要求。职工的膳食、饮水、休息场所等应当符合卫生标准。施工单位不得在尚未竣工的建筑物内设置员工集体宿舍。施工现场临时搭建的建筑物应当符合安全使用要求。施工现场使用的装配式活动房屋应当具有产品合格证。

施工单位对因建设工程施工可能造成损害的毗邻建筑物、构筑物和地下管线等，应

当采取专项防护措施。施工单位应当遵守有关环境保护法律、法规的规定，在施工现场采取措施，防止或者减少粉尘、废气、废水、固体废物、噪声、振动和施工照明对人和环境的危害和污染。在城市市区内的建设工程，施工单位应当对施工现场实行封闭围挡。

施工单位应当在施工现场建立消防安全责任制度，确定消防安全责任人，制定用火、用电、使用易燃易爆材料等各项消防安全管理制度和操作规程，设置消防通道、消防水源，配备消防设施和灭火器材，并在施工现场入口处设置明显标志。

9. 施工机具设备安全管理

施工单位应当向作业人员提供安全防护用具和安全防护服装，并书面告知危险岗位的操作规程和违章操作的危害。作业人员有权对施工现场的作业条件、作业程序和作业方式中存在的安全问题提出批评、检举和控告，有权拒绝违章指挥和强令冒险作业。在施工中发生危及人身安全的紧急情况时，作业人员有权立即停止作业或者在采取必要的应急措施后撤离危险区域。作业人员应当遵守安全施工的强制性标准、规章制度和操作规程，正确使用安全防护用具、机械设备等。施工单位采购、租赁的安全防护用具、机械设备、施工机具及配件，应当具有生产（制造）许可证、产品合格证，并在进入施工现场前进行查验。施工现场的安全防护用具、机械设备、施工机具及配件必须由专人管理，定期进行检查、维修和保养，建立相应的资料档案，并按照国家有关规定及时报废。

施工单位在使用施工起重机械和整体提升脚手架、模板等自升式架设设施前，应当组织有关单位进行验收，也可以委托具有相应资质的检验检测机构进行验收；使用承租的机械设备和施工机具及配件的，由施工总承包单位、分包单位、出租单位和安装单位共同进行验收。验收合格的方可使用。《特种设备安全监察条例》规定的施工起重机械，在验收前应当经有相应资质的检验检测机构监督检验合格。

施工单位应当自施工起重机械和整体提升脚手架、模板等自升式架设设施验收合格之日起三十日内，向建设行政主管部门或者其他有关部门登记。登记标志应当置于或者附着于该设备的显著位置。

施工单位应当为施工现场从事危险作业的人员办理意外伤害保险。意外伤害保险费由施工单位支付。实行施工总承包的，由总承包单位支付意外伤害保险费。意外伤害保险期限自建设工程开工之日起至竣工验收合格止。

二、施工单位违法行为的处罚规定

1）违反《建设工程安全生产管理条例》（以下简称本条例）的规定，施工起重机械和整体提升脚手架、模板等自升式架设设施安装、拆卸单位有下列行为之一的，责令限期改正，处五万元以上十万元以下的罚款；情节严重的，责令停业整顿，降低资质等级，直至吊销资质证书；造成损失的，依法承担赔偿责任：

①未编制拆装方案、制定安全施工措施的；

②未由专业技术人员现场监督的；

③未出具自检合格证明或者出具虚假证明的；

④未向施工单位进行安全使用说明，办理移交手续的。

施工起重机械和整体提升脚手架、模板等自升式架设设施安装、拆卸单位有前款规定的第①项、第③项行为，经有关部门或者单位职工提出后，对事故隐患仍不采取措施，因而发生重大伤亡事故或者造成其他严重后果，构成犯罪的，对直接责任人员，依照刑法有关规定追究刑事责任。

2）违反本条例的规定，施工单位有下列行为之一的，责令限期改正；逾期未改正的，责令停业整顿，依照《中华人民共和国安全生产法》的有关规定处以罚款；造成重大安全事故，构成犯罪的，对直接责任人员，依照刑法有关规定追究刑事责任：

①未设立安全生产管理机构、配备专职安全生产管理人员或者分部分项工程施工时无专职安全生产管理人员现场监督的；

②施工单位的主要负责人、项目负责人、专职安全生产管理人员、作业人员或者特种作业人员，未经安全教育培训或者经考核不合格即从事相关工作的；

③未在施工现场的危险部位设置明显的安全警示标志，或者未按照国家有关规定在施工现场设置消防通道、消防水源、配备消防设施和灭火器材的；

④未向作业人员提供安全防护用具和安全防护服装的；

⑤未按照规定在施工起重机械和整体提升脚手架、模板等自升式架设设施验收合格后登记的；

⑥使用国家明令淘汰、禁止使用的危及施工安全的工艺、设备、材料的。

3）违反本条例的规定，施工单位挪用列入建设工程概算的安全生产作业环境及安全施工措施所需费用的，责令限期改正，处挪用费用20%以上50%以下的罚款；造成损失的，依法承担赔偿责任。

4）违反本条例的规定，施工单位有下列行为之一的，责令限期改正；逾期未改正的，责令停业整顿，并处五万元以上十万元以下的罚款；造成重大安全事故，构成犯罪的，对直接责任人员，依照刑法有关规定追究刑事责任：

①施工前未对有关安全施工的技术要求作出详细说明的；

②未根据不同施工阶段和周围环境及季节、气候的变化，在施工现场采取相应的安全施工措施，或者在城市市区内的建设工程的施工现场未实行封闭围挡的；

③在尚未竣工的建筑物内设置员工集体宿舍的；

④施工现场临时搭建的建筑物不符合安全使用要求的；

⑤未对因建设工程施工可能造成损害的毗邻建筑物、构筑物和地下管线等采取专项

防护措施的。

5）违反本条例的规定，施工单位有下列行为之一的，责令限期改正；逾期未改正的，责令停业整顿，并处十万元以上三十万元以下的罚款；情节严重的，降低资质等级，直至吊销资质证书；造成重大安全事故，构成犯罪的，对直接责任人员，依照刑法有关规定追究刑事责任；造成损失的，依法承担赔偿责任：

①安全防护用具、机械设备、施工机具及配件在进入施工现场前未经查验或者查验不合格即投入使用的；

②使用未经验收或者验收不合格的施工起重机械和整体提升脚手架、模板等自升式架设设施的；

③委托不具有相应资质的单位承担施工现场安装、拆卸施工起重机械和整体提升脚手架、模板等自升式架设设施的；

④在施工组织设计中未编制安全技术措施、施工现场临时用电方案或者专项施工方案的。

6）违反本条例的规定，施工单位的主要负责人、项目负责人未履行安全生产管理职责的，责令限期改正；逾期未改正的，责令施工单位停业整顿；造成重大安全事故、重大伤亡事故或者其他严重后果，构成犯罪的，依照《刑法》有关规定追究刑事责任。

作业人员不服管理、违反规章制度和操作规程冒险作业造成重大伤亡事故或者其他严重后果，构成犯罪的，依照刑法有关规定追究刑事责任。

施工单位的主要负责人、项目负责人有前款违法行为，尚不够刑事处罚的，处二万元以上二十万元以下的罚款或者按照管理权限给予撤职处分；自刑罚执行完毕或者受处分之日起，五年内不得担任任何施工单位的主要负责人、项目负责人。

第七节 建设工程质量管理条例

一、施工单位质量责任和义务的规定

1. 建设工程质量管理的基本制度

（1）工程质量监督管理制度

建设工程质量必须实行政府监督管理。政府对工程质量的监督管理主要以保证工程使用安全和环境质量为主要目的，以法律、法规和强制性标准为依据，以地基基础、主体结构、环境质量和与此有关的工程建设各方主体的质量行为为主要内容，以施工许可制度和竣工验收备案制度为主要手段。

（2）工程竣工验收备案制度

《建设工程质量管理条例》确立了建设工程竣工验收备案制度。该项制度是加强政府监督管理，防止不合格工程流向社会的一个重要手段。结合《建设工程质量管理条例》和《房屋建筑工程和市政基础设施工程竣工验收备案管理暂行办法》（建设部令第78号）的有关规定，建设单位应当在工程竣工验收合格后的15天内到县级以上人民政府建设行政主管部门或其他有关部门备案。建设单位办理工程竣工验收备案应提交以下材料：

①工程竣工验收备案表；

②工程竣工验收报告（竣工验收报告应当包括工程报建日期，施工许可证号，施工图设计文件审查意见，勘察、设计、施工、工程监理等单位分别签署的质量合格文件及验收人员签署的竣工验收原始文件，市政基础设施的有关质量检测和功能性试验资料以及备案机关认为需要提供的有关资料）；

③法律、行政法规规定应当由规划、公安消防、环保等部门出具的认可文件或者准许使用文件；

④施工单位签署的工程质量保修书；

⑤法规、规章规定必须提供的其他文件；

⑥商品住宅还应当提交《住宅质量保证书》和《住宅使用说明书》。

建设行政主管部门或其他有关部门收到建设单位的竣工验收备案文件后，依据质量监督机构的监督报告，发现建设单位在竣工验收过程中有违反国家有关建设工程质量管理规定行为的，责令停止使用，重新组织竣工验收后再办理竣工验收备案。

（3）工程质量事故报告制度

建设工程发生质量事故后，有关单位应当在24小时内向当地建设行政主管部门和其他有关部门报告。对重大质量事故，事故发生地的建设行政主管部门和其他有关部门应当按照事故类别和等级向当地人民政府和上级建设行政主管部门和其他有关部门报告。

（4）工程质量检举、控告、投诉制度

《建筑法》与《建设工程质量管理条例》均明确，任何单位和个人对建设工程的质量事故、质量缺陷都有权检举、控告、投诉。工程质量检举、控告、投诉制度是为了更好地发挥群众监督和社会舆论监督的作用，是保证建设工程质量的一项有效措施。

2. 施工单位的质量责任和义务

《建设工程质量管理条例》第四章明确了施工单位的质量责任和义务。施工单位应当依法取得相应等级的资质证书，并在其资质等级许可的范围内承揽工程。施工单位不得转包或违法分包工程。总承包单位与分包单位对分包工程的质量承担连带责任。施工单位必须按照工程设计图纸和施工技术标准施工，不得擅自修改工程设计，不得偷工减料。

施工单位必须按照工程设计要求、施工技术标准和合同约定，对建筑材料、建筑构配件、设备和商品混凝土进行检验，未经检验或检验不合格的，不得使用。施工人员对涉及结构安全的试块、试件以及有关材料，应在建设单位或工程监理单位监督下现场取样，并送具有相应资质等级的质量检测单位进行检测。建设工程实行质量保修制度，承包单位应履行保修义务。

3. 建设工程质量保修

建设工程质量保修制度是指建设工程在办理竣工验收手续后，在规定的保修期限内，因勘察、设计、施工、材料等原因造成的质量缺陷，应当由施工承包单位负责维修、返工或更换，由责任单位负责赔偿损失的保修制度。建设工程实行质量保修制度是落实建设工程质量责任的重要措施。

1）建设工程承包单位在向建设单位提交竣工验收报告时，应当向建设单位出具质量保修书。质量保修书中应当明确建设工程的保修范围、保修期限和保修责任等。保修范围和正常使用条件下的最低保修期限如下：

①基础设施工程、房屋建筑的地基基础工程和主体结构工程，其最低保修期限为设计文件规定的该工程的合理使用年限；

②屋面防水工程、有防水要求的卫生间、房间和外墙面的防渗漏，其最低保修期限为五年；

③供热与供冷系统，其最低保修期限为两个采暖期、供冷期；

④电气管线、给排水管道、设备安装和装修工程，其最低保修年限为两年。

其他项目的保修期限由发包方与承包方约定。建设工程的保修期，自竣工验收合格之日起计算。因使用不当或者第三方造成的质量缺陷，以及不可抗力造成的质量缺陷，不属于法律规定的保修范围。

2）建设工程在保修范围和保修期限内发生质量问题的，施工单位应当履行保修义务，并对造成的损失承担赔偿责任。

对在保修期限内和保修范围内发生的质量问题，一般应先由建设单位组织勘察、设计、施工等单位分析质量问题的原因，确定维修方案，由施工单位负责维修，但当问题较严重、复杂时，不管是什么原因造成的，只要是在保修范围内，均先由施工单位履行保修义务，不得推诿扯皮。对于保修费用，则由质量缺陷的责任方承担。

二、施工单位违法行为的处罚规定

1. 违规承揽工程

1）违反《建设工程质量管理条例》规定，勘察、设计、施工、工程监理单位超越本单位资质等级承揽工程的，责令停止违法行为，对勘察、设计单位或者工程监理单位处合同约定的勘察费、设计费或者监理酬金 1 倍以上 2 倍以下的罚款；对施工单位处工程合同价款2%以上4%以下的罚款，可以责令停业整顿，降低资质等级；情节严重的，吊销资质证书；有违法所得的，予以没收。

未取得资质证书承揽工程的，予以取缔，依照前款规定处以罚款；有违法所得的，予以没收。以欺骗手段取得资质证书承揽工程的，吊销资质证书，依照本条规定处以罚款；有违法所得的，予以没收。

2）违反《建设工程质量管理条例》规定，勘察、设计、施工、工程监理单位允许其他单位或者个人以本单位名义承揽工程的，责令改正，没收违法所得，对勘察、设计单位和工程监理单位处合同约定的勘察费、设计费和监理酬金1倍以上2倍以下的罚款；对施工单位处工程合同价款2%以上4%以下的罚款；可以责令停业整顿，降低资质等级；情节严重的，吊销资质证书。

2. 转包和违法分包

（1）转包和违法分包的概念

1）转包是指承包单位承包建设工程后，不履行合同约定的责任和义务，将其承包的全部建设工程转给他人，或者将其承包的全部建设工程肢解以后以分包的名义分别转给其他单位承包的行为。

2）违法分包是指下列行为：

①总承包单位将建设工程分包给不具备相应资质条件的单位的；

②建设工程总承包合同中未有约定，又未经建设单位认可，承包单位将其承包的部分建设工程交由其他单位完成的；

③施工总承包单位将建设工程主体结构的施工分包给其他单位的；

④分包单位将其承包的建设工程再分包的。

（2）处罚规定

违反《建设工程质量管理条例》规定，承包单位将承包的工程转包或者违法分包的，责令改正，没收违法所得，对勘察、设计单位处合同约定的勘察费、设计费25%以上50%以下的罚款；对施工单位处工程合同价款0.5%以上1%以下的罚款；可以责令停业整顿，降低资质等级；情节严重的，吊销资质证书。

3. 偷工减料、质量管理不善

1）施工单位在施工中偷工减料的，使用不合格的建筑材料、建筑构配件和设备的，或者有不按照工程设计图纸或者施工技术标准施工的其他行为的，责令改正，处工程合同价款2%以上4%以下的罚款；造成建设工程质量不符合规定的质量标准的，负责返工、修理，并赔偿因此造成的损失；情节严重的，责令停业整顿，降低资质等级或者吊销资质证书。

2）施工单位未对建筑材料、建筑构配件、设备和商品混凝土进行检验，或者未对涉及结构安全的试块、试件以及有关材料取样检测的，责令改正，处十万元以上二十万元以下的罚款；情节严重的，责令停业整顿，降低资质等级或者吊销资质证书；造成损失的，依法承担赔偿责任。

3）施工单位不履行保修义务或者拖延履行保修义务的，责令改正，处十万元以上二十万元以下的罚款，并对在保修期内因质量缺陷造成的损失承担赔偿责任。

4）发生重大工程质量事故隐瞒不报、谎报或者拖延报告期限的，对直接负责的主管人员和其他责任人员依法给予行政处分。

5）建设单位、设计单位、施工单位、工程监理单位违反国家规定，降低工程质量标准，造成重大安全事故，构成犯罪的，对直接责任人员依法追究刑事责任。

第三章　综合素养

第一节　职业道德

一、职业道德的特点和作用

1. 职业道德的特点

职业道德的概念有广义和狭义之分。广义的职业道德是指从业人员在职业活动中应该遵循的行为准则，涵盖了从业人员与服务对象、职业与职工、职业与职业之间的关系。狭义的职业道德是指在一定职业活动中应遵循的、体现一定职业特征的、调整一定职业关系的职业行为准则和规范。不同的职业人员在特定的职业活动中形成了特殊的职业关系，包括职业主体与职业服务对象之间的关系、职业团体之间的关系、同一职业团体内部之间的关系，以及职业劳动者、职业团体与国家之间的关系。

（1）职业道德具有适用范围的有限性

每种职业都担负着一种特定的责任和义务。由于各种职业的责任和义务不同，因此形成了各自特定的职业道德的具体规范。

（2）职业道德具有发展的继承性

由于职业具有不断发展和世代延续的特征，不仅其技术世代延续，其管理员工的方法、与服务对象交流的方式，也有一定的继承性。

（3）职业道德具有表达形式的多样性

由于各种职业道德的要求都较为具体、细致，因此其表达形式多种多样。

（4）职业道德兼有强烈的纪律性

纪律也是一种行为规范，但它是介于法律和道德之间的一种特殊的规范。它既要求人们能自觉遵守，又带有一定的强制性。因此，它具有道德色彩和法律色彩。一方面，遵守纪律是一种美德；另一方面，遵守纪律又带有强制性，具有法令的要求。

2. 职业道德的作用

职业道德是社会道德体系的重要组成部分，既有社会道德的一般作用，又有自身的特殊作用，具体表现为以下4个方面。

（1）调节从业人员之间以及从业人员与服务对象之间的关系

职业道德的基本职能是调节职能。一方面，它可以调节从业人员之间的关系，即运用职业道德规范约束职业人员的行为，促进职业人员的团结与合作，如职业道德规范要求各行各业的从业人员都要团结、互助、爱岗、敬业、齐心协力地为本行业、本职业服务。另一方面，职业道德又可以调节从业人员和服务对象之间的关系。如职业道德规定了制造产品的工人要对用户负责，营销人员要对顾客负责；医生要对病人负责，教师要对学生负责等。

（2）维护和提高本行业的信誉

信誉即形象、信用和声誉，是指企业及其产品与服务在社会公众中的信任程度，提高企业的信誉主要靠产品质量和服务质量，而从业人员职业道德水平高是产品质量和服务质量的有效保障。

（3）促进本行业的发展

一个行业的发展有赖于较高的经济效益，而较高的经济效益基于高素质的员工。员工素质主要包含知识、能力、责任心三个方面，其中责任心是最重要的。而职业道德水平高的从业人员有较高的责任心，因此，职业道德能促进本行业的发展。

（4）有助于提高全社会的道德水平

职业道德是整个社会道德的主要内容。职业道德一方面涉及每个从业者如何对待职业，如何对待工作，同时也是一个从业人员的生活态度、价值观念的表现；职业道德是一个人的道德意识和道德行为成熟的表现，具有较强的稳定性和连续性。另一方面，职业道德也是一个职业集体，甚至一个行业全体人员的行为表现，如果每个行业、每个职业集体都具备优良的道德，则全社会的道德水平也会随之提高。

二、社会主义职业道德规范

社会主义职业道德规范是社会各行各业劳动者在职业活动中必须共同遵守的基本行为准则，它是判断人们职业行为优劣的具体标准，也是社会主义道德在职业生活中的反映。集体主义贯穿于社会主义职业道德规范的始终，是正确处理国家、集体、个人关系的最根本的准则，也是衡量个人职业行为和职业品质的基本准则，是社会主义社会的客观要求，是社会主义职业活动获得成功的保证。

《中共中央关于加强社会主义精神文明建设若干重要问题的决议》中大力倡导职业道德的五项基本规范，即“爱岗敬业、诚实守信、办事公道、服务群众、奉献社会”。其中，服务群众是职业行为的本质，是职业道德建设的核心，它是贯穿于全社会共同的职业道德之中的基本精神。社会主义职业道德的基本原则是集体主义。

1. 爱岗敬业

爱岗敬业是社会主义职业道德最基本的要求，是对人们工作态度的一种普遍要求。爱岗就是热爱自己的工作岗位，热爱本职工作，敬业就是要用一种恭敬严肃的态度对待自己的工作。

2. 诚实守信

诚实守信是做人的基本准则，也是社会道德和职业道德的一个基本规范。诚实就是表里如一，说老实话，办老实事，做老实人。守信就是信守诺言，讲信誉，重信用，忠实履行自己承担的义务。诚实守信是各行各业的行为准则，也是做人做事的基本准则，是社会主义最基本的道德规范之一。

3. 办事公道

办事公道是对人和事的一种态度，也是千百年来人们所称道的职业道德，它要求人们待人处世要公正、公平。

4. 服务群众

服务群众就是为人民群众服务，是社会全体从业者互相服务、促进社会发展、实现共同富裕。服务群众是一种现实的生活方式，也是职业道德要求的一个基本内容。

5. 奉献社会

奉献社会就是积极自觉地为社会做贡献，这是社会主义职业道德的本质特征。奉献社会自始至终体现在爱岗敬业、诚实守信、办事公道和服务群众的各种要求之中。奉献社会并不意味着不要个人的正当利益、不要个人的幸福，恰恰相反，一个自觉奉献社会的人才能真正找到个人幸福的支撑点，奉献和个人利益是辩证统一的关系。

第二节　文明礼仪

作为都市生活新市民，由于生活环境的改变，每个人的行为举止也随之改变。我们有义务遵守社会文明礼仪规范，在公共场所规范自己的言谈举止、注意自己的衣着打扮，做一个讲文明、懂礼仪的新市民。

1. 社会文明礼仪规范

社会文明礼仪规范是人们在公共生活和相互交往中约定俗成、普遍遵循的基本行为规范，涉及个人和人际交往中仪表仪容、言谈举止、待人接物等方面的具体规则和惯用形式。

2. 社会文明礼仪的体现

社会文明礼仪主要体现在：相互尊重、真诚相待；宽容大度、严于律己；把握分寸、尊重差异；身体力行、注重养成。

3. 个人仪容的基本要求

发型要得体，面部要清爽，表情要自然，手部要清洁。

4. 个人体态的基本要求

1）站姿：两眼平视前方，两肩自然放平，两臂自然下垂，挺胸、收腹、提臀。

2）坐姿：保持上身直立，双腿自然并拢，切忌抖动。

3）走姿：抬头、挺胸、收腹，双臂自然摆动，脚步轻盈稳健。

5. 个人着装的基本要求

个人着装应该做到：整洁合体，搭配协调，体现个性，随境而变，遵守常规。佩戴饰物要尊重当地的文化和习俗。

6. 与人交谈时的基本要求

在与人交谈时应该多用敬语和谦词。说话时要注意对象，注意措辞，不能一心二用。

7. 公共场所使用手机的基本要求

在公共场所不宜旁若无人地接打电话；在会场、影院、剧场、音乐厅、图书馆、展览馆等需要保持安静的场所应主动关机或使手机处于振动、静音状态，必须接打电话时，应到不妨碍他人的地方；不在驾驶汽车或乘坐飞机的过程中使用手机；不在加油站使用手机。

随着社会的进步，经济的发展，人们的生活水平也日益提高。但是，伴随社会的发展也出现了很多“负增长”现象，不文明行为的增多就是“负增长”现象的一种。我们要向不文明行为说“不”，提高自身的文明素质，以适应经济社会发展形势的需要。

第三节　安全与生活

（一）安全用电常识

（1）电击

电击是电流通过人体时对人体的外部和内部器官造成的伤害，它可使触电者产生抽搐、神经麻痹等症状，严重时会引起昏迷窒息甚至死亡。

（2）电伤

电伤是电流的热效应、化学效应、机械效应以及电流本身作用下对人体外部造成的伤害，常见的有灼伤、烙伤等。触电事故发生后，现场急救十分重要。实践证明，1 分钟内抢救，90%能救活；1～4 分钟内抢救，60%能救活；10 分钟后抢救，存活的希望很小。

（二）交通安全常识

现代化的交通工具给人们出行带来很多便利，节省了很多时间，但同时也因为人们不注重交通安全知识，引发许多交通事故。

车辆超载是发生交通事故的重要原因之一。车辆超载时，在紧急情况下，刹车或其他措施都难以防范。人人都要树立交通安全的意识，行人更应该遵守交通规则，只有这样才能减少和杜绝交通事故的发生。

（三）安全用气常识

天然气是一种优质、高效、清洁的能源，其主要成分是甲烷（CH_4），具有无色、微臭味、比空气轻、易燃易爆等特性。如果天然气设施、设备发生故障或使用不当，容易引发火灾、爆炸和中毒事故。

一旦发现天然气泄漏，应立即切断气源，开窗通风，禁止开启抽油烟机、排风扇、电灯等用电设备，杜绝火源，也不能在漏气处拨打电话，以免引燃气体，造成爆炸。

（四）消防安全常识

火是一种自然现象。驯服的火是人类的朋友，它给人们带来光明和温暖，推动了人类文明和社会的进步。但火如果失去控制，酿成火灾，就会给人们生命财产造成巨大损失。

发生火灾时，不能乘电梯，因为电梯随时可能发生故障或被火烧坏，应沿防火安全疏散楼梯朝底楼跑，如果中途防火楼梯被堵死，应立即返回屋顶平台，并呼救求援。也可以将楼梯间的窗户玻璃打破，向外高声呼救，让救援人员知道你的确切位置，以便营救。

第四节　卫生常识

健康是我们有效工作和高质量生活的前提，而健康离不开良好的卫生习惯，离不开对常见病的了解和预防。掌握卫生常识有助于培养每个公民良好的卫生习惯和健康文明的生活态度，同时也体现了社会的进步，是保证个人健康的前提和基础。

（一）个人卫生

要保持皮肤清洁，经常洗澡，提倡淋浴和冷水擦澡；要保持头发整洁，定期理发，不蓄胡子。梳子和刮胡刀不要与别人共用；理发和洗头能够清除头发和头皮上的污垢、头屑、病菌，预防头癣、皮肤病，防止生头虱。

要养成饭前便后洗手的习惯，经常修剪指甲并保持干净；经常保持脚的清洁和干燥，尽可能每天洗脚换袜子；要穿大小合适的鞋子；要经常刷牙、漱口，保持口腔卫生。要养成经常洗脸的习惯，以保持脸部卫生；洗漱用具不要与他人共用，冬天提倡用冷水洗脸，用干毛巾擦脸，以提高御寒能力。

（二）公共卫生

不随地吐痰和大小便，不乱扔果皮、烟头、纸屑等废弃物，保持公共场所的清洁和卫生。

第四章　灌浆工岗位基础知识

第一节　施工图识读

一、施工图的基本知识

（一）建筑制图统一标准

1. 图纸幅面

图纸以短边作为垂直边应为横式图纸，以短边作为水平边应为立式图纸。A0～A3 图纸宜横式使用，必要时也可立式使用。图纸幅面及图框尺寸应符合表 4-1 的规定。

表 4-1　幅面及图框尺寸　　单位：mm

尺寸代号	幅面代号				
	A0	A1	A2	A3	A4
b×l	841×1 189	594×841	420×594	297×420	210×297
c	10			5	
a	25				

注：表中 *b* 为幅面短边尺寸；*l* 为幅面长边尺寸；*c* 为图框线与幅面线间宽度；*a* 为图框线与装订边间的宽度。

2. 标题栏、会签栏

图纸中应有标题栏、图框线、幅面线、装订边线和对中标志。横式图纸、立式图纸的标题栏及装订边的位置如图 4-1 所示。

（二）图线

1. 线宽

图纸的基本线宽 *b*，宜按图纸比例及图纸性质从 1.4 mm、1.0 mm、0.7 mm、0.5 mm

线宽组中选取。绘图时应根据图样的复杂程度及比例大小，选用表4-2所示的线宽组合。

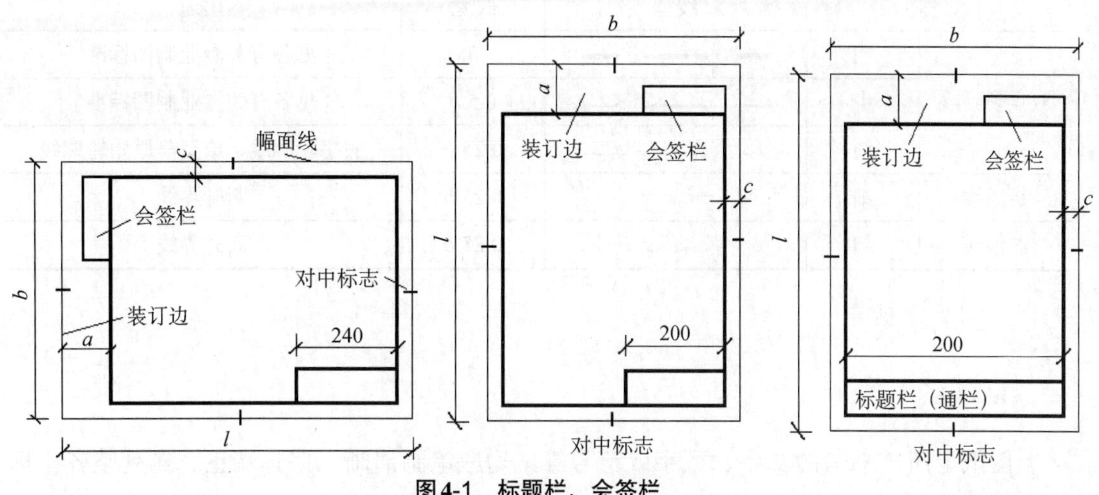

图4-1　标题栏、会签栏

表4-2　线宽组合　　单位：mm

线宽	线宽组			
b	1.4	1.0	0.7	0.5
0.7 *b*	1.0	0.7	0.5	0.35
0.5 *b*	0.7	0.5	0.35	0.25
0.25 *b*	0.35	0.25	0.18	0.13

注：1. 需要微缩的图纸不宜采用0.18 mm及更细的线宽。

2. 同一张图纸内，各种不同线宽中的细线，可统一采用较细的线宽组的细线。

2. 线型

工程建设制图应选用表4-3所示的图线。

表4-3　图线的类型及应用　　单位：mm

名称		线型	线宽	用途
实线	粗	━━━━━━	*b*	主要可见轮廓线
	中粗	━━━━━━	0.7 *b*	可见轮廓线、变更云线
	中	——————	0.5 *b*	可见轮廓线、尺寸线
	细	——————	0.25 *b*	图例填充线、家具线
虚线	粗	▬ ▬ ▬ ▬	*b*	见各有关专业制图标准
	中粗	- - - - - -	0.7 *b*	不可见轮廓线
	中	- - - - - - -	0.5 *b*	不可见轮廓线、图例线
	细	------------	0.25 *b*	图例填充线、家具线
单点长画线	粗	—·—·—·	*b*	见各有关专业制图标准
	中	—·—·—·—	0.5 *b*	见各有关专业制图标准
	细	-·-·-·-·-	0.25 *b*	中心线、对称线、轴线等

续表

名称		线型	线宽	用途
双点长画线	粗	▬▬ ·· ▬▬ ·· ▬▬	*b*	见各有关专业制图标准
	中	—— ·· —— ·· ——	0.5 *b*	见各有关专业制图标准
	细	—— ·· —— ·· ——	0.25 *b*	假想轮廓线、成型前原始轮廓线
折断线	细	—\/—	0.25 *b*	断开界线
波浪线	细	～～	0.25 *b*	断开界线

（三）字体

1. 汉字

图纸上所需书写的文字、数字或符号等，均应笔画清晰、字体端正、排列整齐；标点符号应清楚正确。字高大于 10 mm 的文字宜采用 True Type 字体，如需书写更大的字，其高度应按 $\sqrt{2}$ 的倍数递增。

2. 数字和字母

图样及说明中的数字、字母，宜优先采用 True Type 字体中的 Roman 字型。写成斜体字时，应从字的底线向上倾斜 75°，其高度和宽度应与相应的直体字相等。数字、字母的字高不应小于 2.5 mm。

（四）比例

图样的比例为图形与实物相对应的线性尺寸之比，符号为“：”，用阿拉伯数字表示。比例宜注写在图名的右侧，并与字的基准线平齐；比例的字高宜比图名的字高小 1 号或 2 号。

绘图所选用的比例，应根据图样的用途和所绘对象的复杂程度，从表 4-4 中选用，并优先选用表中常用比例。

表 4-4　绘图选用比例

常用比例	1：1、1：2、1：5、1：10、1：20、1：30、1：50、1：100、1：150、1：200、1：500、1：1 000、1：2 000
可用比例	1：3、1：4、1：6、1：15、1：25、1：40、1：60、1：80、1：250、1：300、1：400、1：600、1：5 000、1：10 000、1：20 000、1：50 000、1：100 000、1：200 000

（五）索引符号与详图符号

1）索引符号：图样中的某一局部或构件，如需另见详图，应以索引符号索引，如图

4-2（a）所示。索引符号由直径为 8～10 mm 的圆和水平直径组成，圆及水平直径线宽宜为 0.25 b，应按下列规定编写：

① 索引出的详图，如与被索引的详图同在一张图纸内，应在索引符号的上半圆中用阿拉伯数字注明该详图的编号，并在下半圆中间画一段水平细实线如图 4-2（b）所示。

② 索引出的详图，如与被索引的详图不在同一张图纸内，应在索引符号的上半圆中用阿拉伯数字注明该详图的编号，在索引符号的下半圆中用阿拉伯数字注明该详图所在图纸的编号，如图 4-2（c）所示。数字较多时，可加文字标注。

③ 索引出的详图，如采用标准图，应在索引符号水平直径的延长线上加注该标准图册的编号，如图 4-2（d）所示。

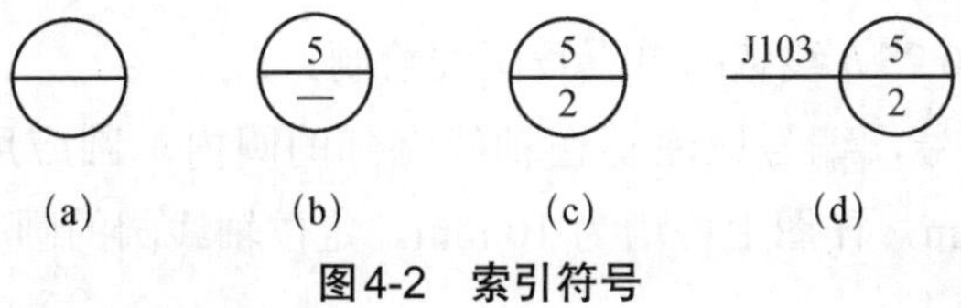

图4-2　索引符号

2）索引符号如用于索引剖视详图，应在被剖切的部位绘制剖切位置线，并以引出线引出索引符号，引出线所在的一侧应为剖视方向。索引符号的编写同（1）的规定，如图 4-3 所示。

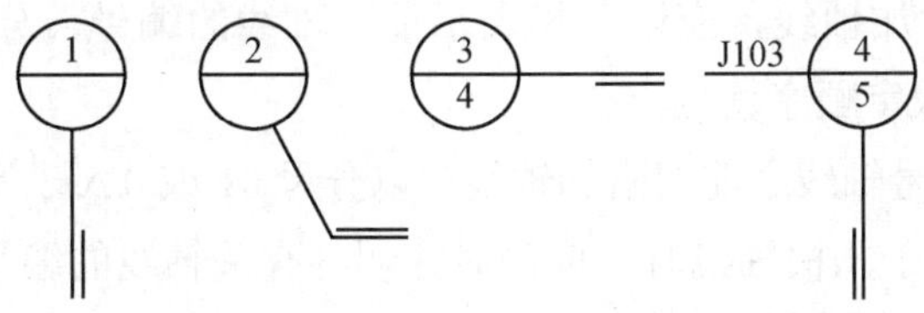

图4-3　用于索引剖面详图的索引符号

3）钢筋、杆件、设备等的编号，以直径为 4～6 mm（同一图样应保持一致）的圆表示，图线宽为 0.25 b，其编号应用阿拉伯数字按顺序编写。

4）详图符号。详图的位置和编号，应以详图符号表示。详图符号的圆直径应为 14 mm，线宽为 b。详图编号应符合下列规定：

① 详图与被索引的图样同在一张图纸内时，应在详图符号内用阿拉伯数字注明详图的编号。

② 详图与被索引的图样不在同一张图纸内时，应用细实线在详图符号内画一水平直径，在上半圆中用阿拉伯数字注明详图编号，在下半圆中用阿拉伯数字注明被索引的图纸的编号。

5）其他符号：

① 对称符号。对称符号由对称线和两端的两对平行线组成。用单点长画线绘制；线宽宜为 0.25 b；平行线用细实线绘制，其长度宜为 6～10 mm，每对的间距宜为 2～3 mm，对称线垂直平分于两对平行线，两端宜超出平行线 2～3 mm。

② 连接符号。连接符号应以折断线表示需要连接的部位。两部分相距过远时，折断线两端靠图样一侧应标注大写拉丁字母表示连接符号。两个被连接的图样必须用相同的字母编号。

③指北针的圆直径宜为 24 mm，用细实线绘制，指针尾部的宽度宜为 3 mm，指针头部应标注“北”或“N”字样。需用较大直径绘制指北针时，指针尾部宽度宜为直径的 1/8。

（六）工程制图的基本规定

1. 定位轴线

1）定位轴线应用 0.25 *b* 线宽的单点长画线绘制。

2）定位轴线应编号，编号应注写在轴线端部的圆内。圆应用 0.25 *b* 线宽的实线绘制，直径宜为 8～10 mm，详图上可增为 10 mm。定位轴线圆的圆心，应在定位轴线的延长线上或延长线的折线上。

3）平面图上定位轴线的编号，宜注写在图样的下方与左侧。横向编号应用阿拉伯数字，从左至右顺序编写，竖向编号应用大写拉丁字母，从下至上顺序编写。

4）附加定位轴线的编号，应以分数的形式表示，并符合下列规定：

① 两根轴线的附加轴线，应以分母表示前一轴线的编号，分子表示附加轴线的编号，编号宜用阿拉伯数字顺序编写。

② 1 号轴线或 A 号轴线之前的附加轴线应以分母 01 或 0 A 表示。

5）一个详图适用于几根轴线时，应同时注明各有关轴线的编号，如图 4-4 所示。通用详图中的定位轴线，应只画圆，不注写轴线编号。

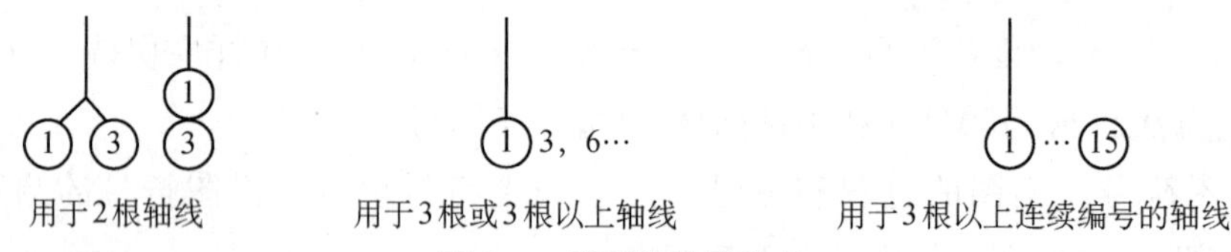

图4-4　详图的轴线编号

2. 引出线

（1）引出线

引出线线宽应为 0.25 *b*，宜采用水平方向的直线或与水平方向成 30°、45°、60°、90° 的直线，并经上述角度再折为水平线，如图 4-5 所示。

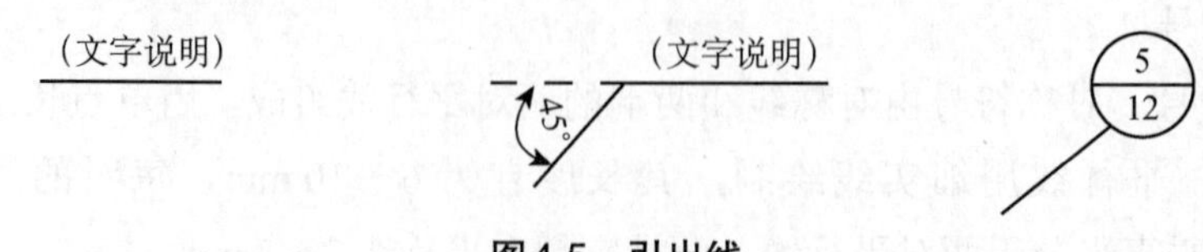

图4-5　引出线

（2）共同引出线、共用引出线

同时引出几个相同部分的引出线，宜互相平行，如图 4-6（a）所示。多层构造或多层管道共用引出线，应通过被引出的各层，并用圆点示意对应各层次。文字说明宜注写在水平线的上方，也可注写在水平线的端部，说明的顺序应由上至下，并应与被说明的层次相互一致；如层次为横向排列，则由上至下的说明顺序应与由左至右的层次相互一致，如图 4-6（b）所示。

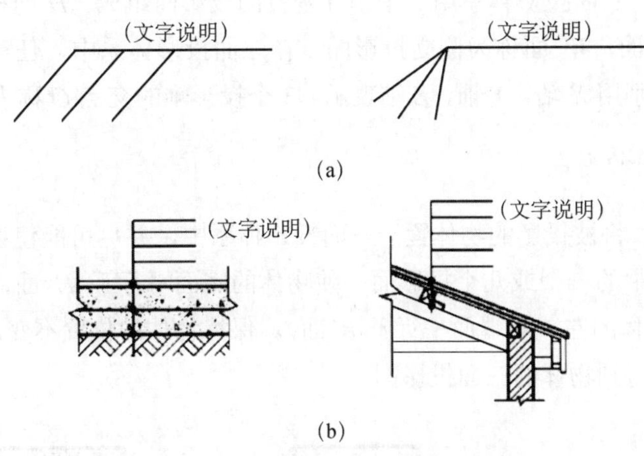

图4-6　共同引出线、共用引出线

二、投影的基本知识

（一）投影的基本概念

在日常生活中，物体在太阳光或灯光照射下，会在地面或墙壁上产生物体的影子。我们称这一自然现象为投影现象。发生自然投影时，物体的影子是漆黑的，通过自然投影人们只能看到物体外形的轮廓，看不到物体上的一些变化或内部情况。在工程制图上，根据自然投影现象，经过科学的抽象，即假设按规定方向射来的光线能够透过物体照射，形成的影子不但能反映物体的外形，也能反映物体上部和内部的情况，这样形成的影子就称为投影。我们把能够产生光线的光源称为投影中心，光线称为投射线，落影平面称为投影面，用投影表达物体形状和大小的方法称为投影法，用投影法画出的物体的图形称为投影图。

（二）投影法的分类

投影法一般分为中心投影法和平行投影法两种。投射线从投影中心出发的投影法，称为中心投影法，所得到的投影称为中心投影。投射线相互平行的投影法称为平行投影法，所得到的投影称为平行投影。根据投射线与投影面的相对位置，平行投影法又分正投影法和斜投影法两种。投射线垂直于投影面时称为正投影法。在正投影的条件下，使物体的某个面平行于投影面，则该面的正投影反映其实际形状和大小，所以一般工程图样都选用正投影原理绘制。投射线相互平行且倾斜于投影面时称为斜投影法。

（三）三面投影及其对应关系

1. 形体的三面投影

如图 4-7 所示，三面投影体系由 3 个相互垂直的投影面组成。*H* 面称为水平投影面，*V* 面称为正立投影面，*W* 面称为侧立投影面。在三面投影体系中，任意两个投影面的交线称为投影轴，分别用 *X* 轴、*Y* 轴、*Z* 轴表示。3 个投影轴的交点 *O* 称为原点。

2. 三面投影图的形成

如图 4-8 所示，将被投影的物体置于三面投影体系中，并尽可能使物体的几个主要表面平行或垂直于其中的一个或几个投影面（使物体的底面平行于 *H* 面，物体的前、后端面平行于 *V* 面，物体的左、右端面平行于 *W* 面）。保持物体的位置不变，将物体分别向 3 个投影面作投影，得到物体的三面投影图。

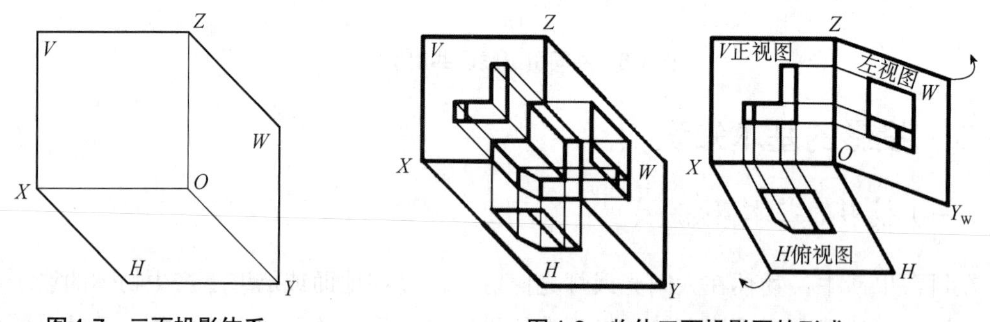

图4-7　三面投影体系

图4-8　物体三面投影图的形成

3. 三面投影的对应关系

（1）三面投影的投影关系

在投影体系中，物体的 *X* 轴方向的尺寸称为长度，*Y* 轴方向的尺寸称为宽度，*Z* 轴方向的尺寸称为高度。如图 4-8 所示，由三面投影图的形成可知，物体的水平投影反映它的长和宽，正面投影反映它的长和高，侧面投影反映它的宽和高。

（2）三面投影图的方位关系

当物体在投影体系中的相对位置确定之后，它就有上、下、左、右、前、后 6 个方位，如图 4-9（a）所示。由三面图的形成可以看出，物体的水平投影反映左、右、前、后 4 个方向；正面投影反映左、右、上、下 4 个方向；侧面投影反映上、下、前、后 4 个方向，如图 4-9（b）所示。

（四）点、直线、平面的投影

1. 点的投影

如图 4-10（a）所示，过 A 点分别向 3 个投影面作垂线，所得 3 个垂足 a、a'、a'' 即为 A 点的 3 个投影。a 表示水平投影，a' 表示正面投影，a'' 表示侧面投影。将投影体系展开所得的图即 A 点的三面投影图，如图 4-10（b）、（c）所示。

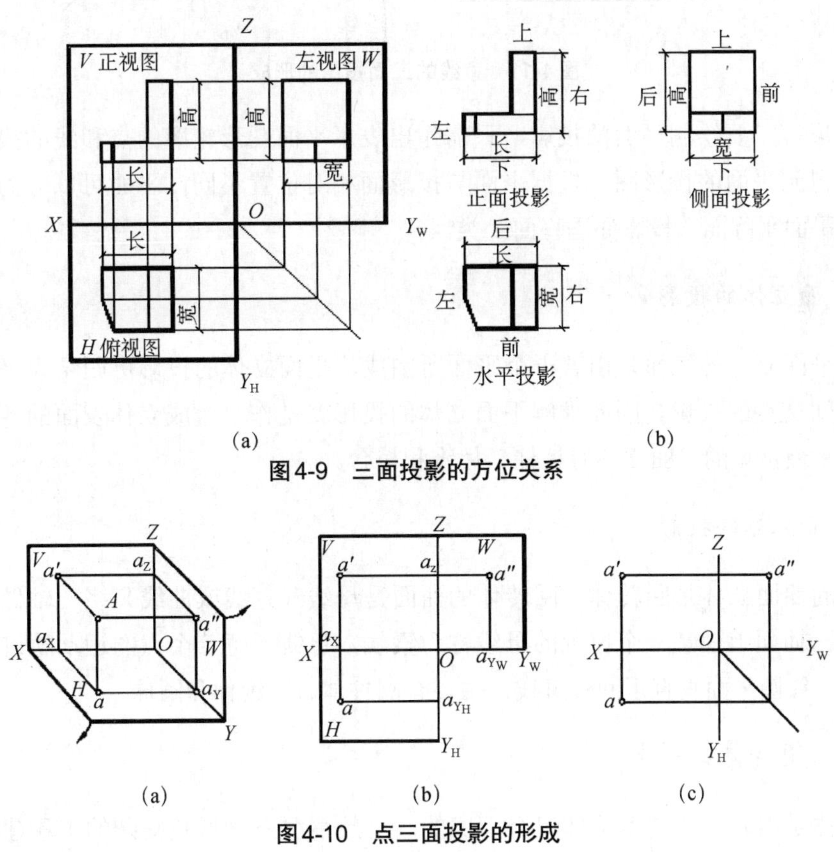

图4-9　三面投影的方位关系

图4-10　点三面投影的形成

2. 直线的投影

由初等几何可知，两点决定一直线。所以要确定直线 AB 的空间位置，只要确定出 A、B 两点的空间位置，连接起来即可确定该直线的空间位置，如图 4-11（a）所示。因此，在作直线 AB 的投影时，只要分别作出 A、B 两点的三面投影 a、a'、a'' 和 b、b'、b''，再分别把两点在同一投影面上的投影连接起来，即得直线 AB 的三面投影 ab、$a'b'$、$a''b''$，如图 4-11（b）所示。

3. 平面的投影

平面可以看作点和直线不同形式的组合，一般常用平面图形来表示，如三角形、四

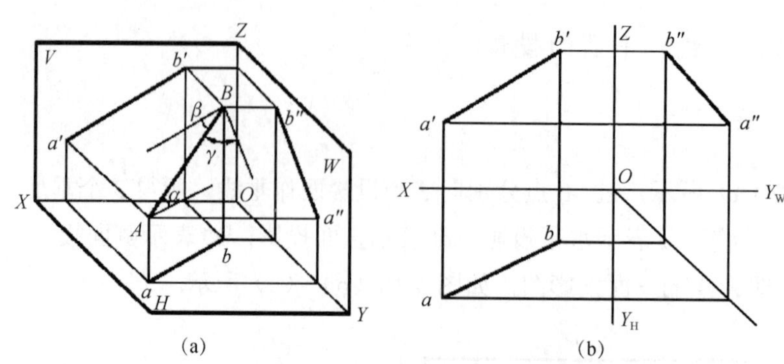

图4-11　直线的三面投影的形成

边形、圆形等。要绘制平面的投影，只需作出表示平面图形轮廓的点和线的投影，依次连接即可得到平面的投影图。根据平面与投影面相对位置不同，平面可以分为一般位置平面、投影面平行面、投影面垂直面 3 类。

4. 平面立体的投影

由于平面立体的表面是由若干个平面所围成，平面立体的投影可归结为平面立体棱线和棱线间交点的投影。因此求解平面立体的投影就是作出组成立体表面的各平面和棱线的投影。最常见的平面立体有棱柱、棱锥和棱台。

5. 曲面立体的投影

常见的曲面立体是回转体，回转体的曲面是母线（直线或曲线）绕一轴做回转运动而形成的。曲面上任意一个位置的母线称为素线，母线上每一个点的运动轨迹都是圆，称为纬圆，纬圆平面垂直于回转直线，主要有圆柱体、圆锥体和圆球。

（五）组合体的投影

组合体是由若干个基本形体组合而成的。一般情况下，形状复杂的工程建筑物可看作由若干个基本几何体经过叠加、切割或相交等形式组合而成的。表达组合体一般画三面投影图。

1. 形体分析

绘制组合体的投影图，需先进行形体分析，选择适当的投影图，再进行画图。形体分析法是指把一个物体分解成若干个形体或简单形体的方法。即绘制和阅读组合体的投影图时，将组合体分解成若干个基本形体或简单形体，分析它们之间的关系，然后逐一解决它们的画图和识图问题。它是画图、读图和标注尺寸的基本方法。

（1）建筑形体间的组合方式

1）叠加式组合体：是由若干个基本形体叠加而成的组合体，如图 4-12 所示。叠加式组合体可以看作由 3 个长方形组合而成。求其投影时可以由几个基本几何体的投影组合而成。

2）切割式组合体：是由一个大的基本形体经过若干次切割而成的组合体，如图 4-13 所示。切割式组合体可以看作由一个大的长方体切割掉两个较小实形体（两个长方体）组合而成。求其投影时，可先画基本几何体的三面投影图，然后根据切割位置，分别在几何体投影上切割。

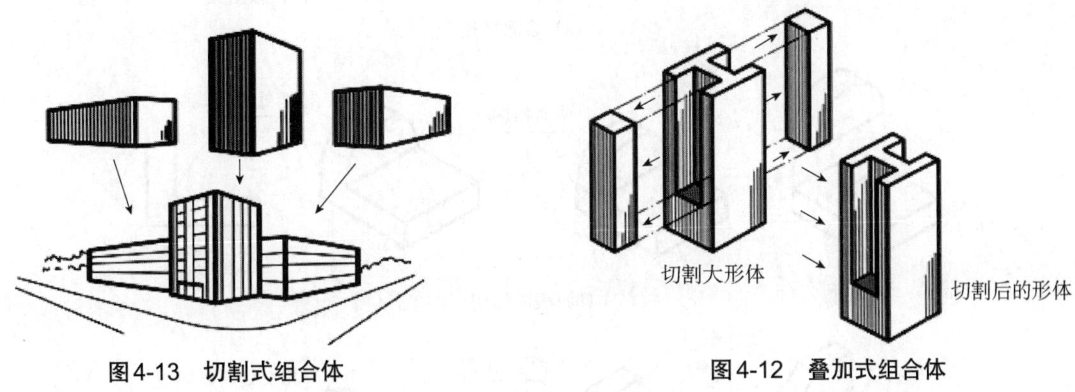

图 4-13　切割式组合体　　**图 4-12　叠加式组合体**

3）综合式组合体：是指既有叠加又有切割而成的组合体，如图 4-14 所示。综合式组合体可以看作由 6 个实形体组成，而 6 个实形体又可以看作由更小的实形体组成。

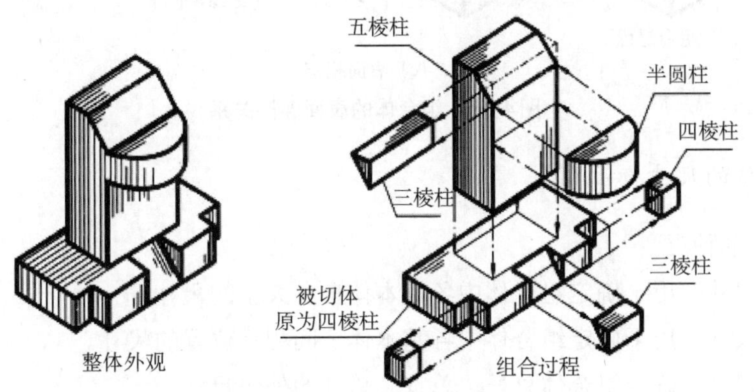

图 4-14　综合式组合体

（2）组合体的表面连接

基本形体组合成组合体时，各基本形体表面间真实的相互关系即组合体的表面连接关系。形体经叠加、切割组合后，可形成 3 种表面连接关系：表面平齐（共面）、表面相切、表面相交，如图 4-15 所示。

表面平齐：当两形体邻接表面平齐时，邻接表面处无分界线。

表面相切：当两形体邻接表面相切时，由于相切是光滑过渡，所以一般不画出公切面在 3 个视图中的投影。

表面相交：两形体的邻接表面相交，邻接表面之间一定产生交线，而 3 个视图中一定会有交线的投影。

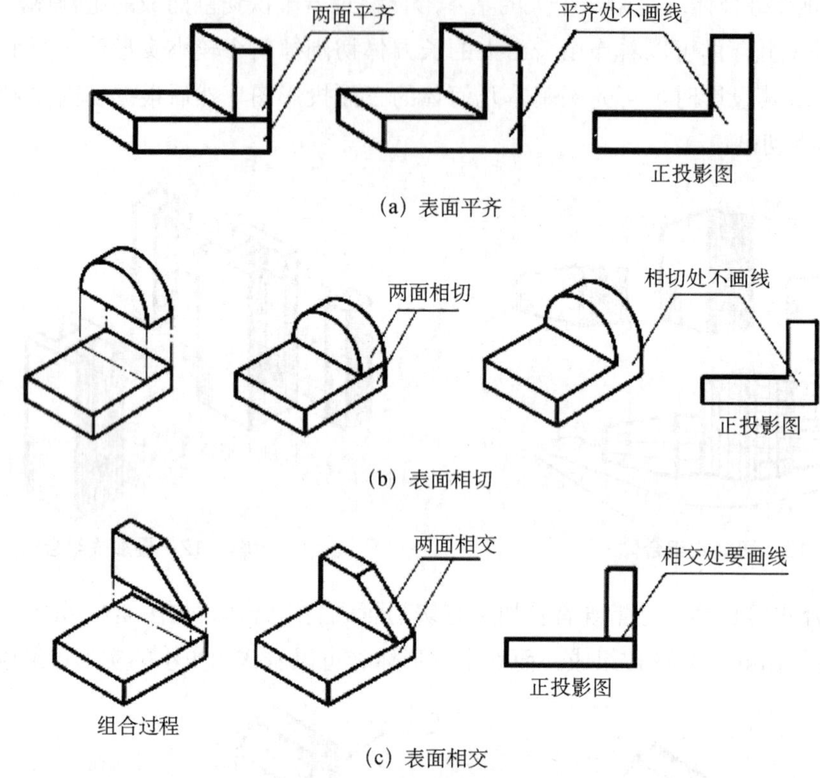

(a) 表面平齐

(b) 表面相切

(c) 表面相交

图4-15　组合体的表面连接关系

2. 组合体的尺寸标注

（1）尺寸的种类

1）定形尺寸：用于确定组合体中各基本体自身大小的尺寸。

2）定位尺寸：用于确定组合体中各基本体之间相互位置的尺寸。

3）总体尺寸：确定组合体总长、总宽、总高的外包尺寸。

（2）组合体尺寸应做到的标注

1）组合体尺寸标注前需进行形体分析，弄清反映在投影图上的基本体，注意这些基本形体的尺寸标注要求，做到简洁合理。

2）各基本形体之间的定位尺寸一定要先选好定位基准，再进行标注。

3）由于组合体形状变化多，定形、定位和总体尺寸有时可以相互兼代。

4）组合体各项尺寸一般只标注一次尺寸。

（3）尺寸配置

组合体尺寸标注中应注意的问题：

1）尺寸一般应布置在图形外，以免影响图形清晰。

2）尺寸排列要注意大尺寸在外、小尺寸在内，并在不出现尺寸重复的前提下，使尺寸构成封闭的尺寸链。

3）反映某一形体的尺寸，最好集中标在反映这一基本形体特征轮廓的投影图上。

4）两投影图相关的尺寸，应尽量注在两图之间，以便对照识读。

5）尽量不在虚线图形上标注尺寸。

三、装配式混凝土建筑识图

（一）装配式建筑施工图的特点及编排次序

1. 特点

1）装配式建筑施工图中各图样，除水暖管道系统图是用斜投影法绘制之外，其余图样均采用正投影法绘制。

2）由于房屋的形体较大而图纸的幅面有限，所以装配式建筑施工图均采用缩小的比例绘制。

3）装配式建筑是由多种预制构件、现浇构件、配件和材料建造的。国家标准规定，在装配式工程图中，采用各种图例、符号来表示预制构件、现浇构件、配料和材料，以简化和规划装配式建筑施工图。

4）装配式建筑中许多预制构件和配件已经有标准的定型设计，并配有标准设计图集，如《预制混凝土剪力墙外墙板》（15G365—1）和《桁架钢筋混凝土叠合板（60 mm 厚底板）》（15G366—1）等可供参考。为节省设计和制图工作量，凡是有标准定型设计的构件和配件，应尽可能选用标准的构件和配件，采用之处只需在图纸相应位置标注出标准设计图集的名称编号、页数即可。这样可以提高设计效率，提高装配式建筑预制率，实现构配件的工厂化，降低建筑成本。

2. 编排次序

为便于看图、易于查找，装配式混凝土结构房屋建筑施工图一般按以下顺序进行编排：图纸目录→施工总说明→装配式结构专项说明→建筑施工图→结构施工图→给排水施工图→采暖通风施工图→电气施工图。

各类别图纸均将基本图编排在前，详图在后；先施工部分的图纸在前，后施工部分的图纸在后；重要的图纸在前，次要的图纸在后。以某专业为主的工程，应突出该专业的图纸。

1）图纸目录与书本目录的作用类似，方便我们查找所需图纸的具体位置。图纸目录中包含了整套建筑施工图中各图纸的名称、内容、图号等。

2）施工总说明是将图纸中不便用图纸表达的部分内容转化为文字，一般位于建筑施工图的最前面，在图纸目录之后。施工总说明包含工程名称及用途、建设单位、坐落地点、工程规模及面积、房屋层数及高度、设计结构形式、有效使用年限、安全等级、工程所在地设防烈度、设计的目标效果、场地标高等，并按建筑、结构、水、电、设备等专业做进一步的说明。对于较简单的房屋，图纸目录和施工总说明也可放在“建筑施工图”中“总平面图”内。

3）装配式结构专项说明是装配式建筑施工图所特有的，旨在重点说明与装配式结构密切相关的部分，包括所选用的标准设计图集、材料要求、预制构件深化设计、预制构件的生产和检验、预制构件的运输与堆放、现场施工等，且应与结构设计总说明相协调。

（二）装配式建筑常用图例

本书所讲解的装配式建筑识图方法以装配整体式混凝土结构为例，暂不包括装配式钢结构及木结构。与传统现浇混凝土结构相比，装配整体式混凝土结构与大量预制构件、现浇构件、后浇段相互连接形成整体，虽然都为钢筋混凝土材料，但构件节点、施工方案均有较大差异，故在装配整体式混凝土结构中常采用不同图例加以区别，见表 4-5。

表4-5　装配整体式混凝土结构常用图例

名称	图例	名称	图例
预制钢筋混凝土（包括内墙、内叶墙、外叶墙）		保温层	
后浇段、边缘构件		无机保温材料	
现浇钢筋混凝土构件		夹心保温外墙	
轻质墙体		预制外墙模板	
		砌体	

（三）常见构件的编号及含义

1. 预制混凝土剪力墙

预制混凝土剪力墙编号由墙板代号和序号组成。标准设计图集《装配式混凝土结构表示方法及示例（剪力墙结构）》（15G107—1）中剪力墙编号见表 4-6。

表 4-6　标准设计图集 15G107—1 中剪力墙编号

构件类型		代号	序号
预制墙体	预制外墙	YWQ	××
	预制内墙	YNQ	××

例如，代号“YWQ1”表示预制外墙，序号为 1。代号“YNQ5a”表示该预制混凝土内墙板与已编号的 YNQ5 除线盒位置外，其他参数均相同，为方便起见，将该预制内墙板序号编为 5a。

2. 预制混凝土外墙板

预制混凝土剪力墙外墙由内叶墙板、保温层和外叶墙板组成。标准设计图集中的内叶墙板共有 5 种形式，标准设计图集 15G107—1 中内叶墙板编号见表 4-7，内叶墙板编号识读示例见表 4-8。

表 4-7　标准设计图集 15G107—1 中内叶墙板编号

预制内叶墙板类型	示意图	编号
无洞口外墙		WQ-×× ×× 无洞口外墙；标志宽度；层高
一个窗洞、高窗台外墙		WQC1-×× ××-×× ×× 一窗洞外墙（高窗台）；标志宽度；层高；窗宽；窗高
一个窗洞、矮窗台外墙		WQCA-×× ××-×× ×× 一窗洞外墙（矮窗台）；标志宽度；层高；窗宽；窗高
两个窗洞外墙		WQC2-×× ××-×× ××-×× ×× 两窗洞外墙；标志宽度；层高；左窗宽；左窗高；右窗宽；右窗高
一个门洞外墙		WQM-×× ××-×× ×× 一门洞外墙；标志宽度；层高；门宽；门高

表 4-8　标准设计图集 15G107—1 中内叶墙板编号识读示例　单位：mm

预制墙板类型	示意图	墙板编号	标志宽度	层高	门/窗宽	门/窗高	门/窗宽	门/窗高
无洞口外墙		WQ-1828	1 800	2 800	—	—	—	—
带一窗洞高窗台		WQC1-3028-1514	3 000	2 800	1 500	1 400	—	—

续表

预制墙板类型	示意图	墙板编号	标志宽度	层高	门/窗宽	门/窗高	门/窗宽	门/窗高
带一窗洞矮窗台		WQCA-3028-1518	3 000	2 800	1 500	1 800	—	—
带两窗洞外墙		WQC2-4828-0614-1514	4 800	2 800	600	1 400	1 500	1 400
带一门洞外墙		WQM-3628-1823	3 600	2 800	1 800	2 300	—	—

3. 预制混凝土剪力墙内墙板

标准设计图集 15G107—1 中的预制混凝土内墙板共有 4 种形式。标准设计图集 15G107—1 中内墙板编号见表 4-9，内墙板编号识读示例见表 4-10。

表 4-9 标准设计图集 15G107—1 中内墙板编号

预制内墙板类型	示意图	编号
无洞口内墙		NQ-×× ×× 无洞口内墙；标志宽度；层高
固定门垛内墙		NQM1-×× ××-×× ×× 一门洞内墙（固定门垛）；标志宽度；层高；门宽；门高
中间门洞内墙		NQM2-×× ××-×× ×× 一门洞内墙（中间门洞）；标志宽度；层高；门宽；门高
刀把内墙		NQM3 -××××-×× ×× 一门洞内墙（刀把内墙）；标志宽度；层高；门宽；门高

表 4-10 标准设计图集 15G107—1 中内墙板编号识读示例 单位：mm

预制墙板类型	示意图	墙板编号	标志宽度	层高	门宽	门高
无洞口内墙		NQ-2128	2 100	2 800	—	—
固定门垛内墙		NQM1-3028-0921	3 000	2 800	900	2 100
中间门洞内墙		NQM2-3029-1022	3 000	2 900	1 000	2 200
刀把内墙		NQM3-3329-1022	3 300	2 900	1 000	2 200

4. 后浇段

后浇段编号由后浇段类型代号和序号组成。标准设计图集 15G107—1 中后浇段编号见表 4-11。

表 4-11　标准设计图集 15G107—1 中后浇段编号

后浇段类型	代号	序号
约束边缘构件后浇段	YHJ	××
构造边缘构件后浇段	GHJ	××
非边缘构件后浇段	AHJ	××

例如，代号“YHJ1”表示约束边缘构件后浇段，编号为 1；代号“GHJ5”表示构造边缘构件后浇段，编号为 5；代号“AHJ3”表示非边缘构件后浇段，编号为 3。

5. 预制混凝土叠合梁

预制叠合梁编号由代号和序号组成。标准设计图集 15G107—1 中预制叠合梁编号见表 4-12。

表 4-12　标准设计图集 15G107—1 中预制叠合梁编号

名称	代号	序号
预制叠合梁	DL	××
预制叠合连梁	DLL	××

例如，代号“DL1”表示预制叠合梁，编号为 1；代号“DLL3”表示预制叠合连梁，编号为 3。

6. 预制外墙模板

预制外墙模板编号由类型代号和序号组成。标准设计图集 15G107—1 中预制外墙模板编号见表 4-13。

表 4-13　标准设计图集 15G107—1 中预制外墙模板编号

名称	代号	序号
预制外墙模板	JM	××

例如，代号“JM1”表示预制外墙模板，序号为 1。

7. 桁架钢筋混凝土叠合板（60 mm 厚底板）

叠合板可分为单向叠合板和双向叠合板。标准设计图集 15G366—1 中叠合板底板编号规则见表 4-14。

表4-14　标准设计图集15G366—1中叠合板底板编号规则

类型	编号
单向板	DBDXX-XXXX-X 桁架钢筋混凝土叠合板用底板（单向板） 预制底板厚度，以cm计 后浇叠合层厚度，以cm计 底板跨度方向钢筋代号：1-4 标志宽度，以dm计 标志跨度，以dm计
双向板	DBSX-XX-XXXX-XX-6 桁架钢筋混凝土叠合板用底板（双向板） 叠合板类别（1为边板，2为中板） 预制底板厚度，以cm计 后浇叠合层厚度，以cm计 调整宽度 底板跨度及宽度方向钢筋代号（表5） 标志宽度，以dm计 标志跨度，以dm计

例如，代号“DBD67-3620-2”表示单向板，预制底板厚度为60 mm，后浇叠合层厚度为70 mm，预制底板的标志跨度为3 600 mm，预制底板的标志宽度为2 000 mm，底板跨度方向配筋为Φ8@150；代号“DBS1-67-3620-31”表示双向板，叠合板类别为边板，预制底板厚度为60 mm，后浇叠合层厚度为70 mm，预制底板的标志跨度为3 600 mm，预制底板的标志宽度为2 000 mm，底板跨度方向配筋为Φ10@200，底板宽度方向配筋为Φ8@200。

单向板及双向板编号中包含有底板配筋代号，通过识读代号即可了解叠合底板配筋情况，单向板钢筋代号见表4-15，双向板钢筋代号组合见表4-16。

表4-15　单向板钢筋代号

	1	2	3	4
受力钢筋规格及间距	Φ8@200	Φ8@150	Φ10@200	Φ10@150
分布钢筋规格及间距	Φ6@200	Φ6@200	Φ6@200	Φ6@200

表4-16　双向板钢筋代号组合

板底宽度方向配筋	板底跨度方向配筋			
	Φ8@200	Φ8@150	Φ10@200	Φ10@150
Φ8@200	11	21	31	41
Φ8@150	—	22	32	42
Φ8@100	—	—	—	43

注：表中11、21、22、31、32、41、42、43表示板底跨度方向配筋和板底宽度方向配筋的组合代号。

8. 预制钢筋混凝土板式楼梯

根据《预制钢筋混凝土板式楼梯》（15G367—1）有关规定，预制钢筋混凝土板式楼梯的规格代号由楼梯类型+建筑层高+楼梯间净宽 3部分组成，其中楼梯类型用汉语拼音的首写字母表示，标准设计图集15G367—1中预制钢筋混凝土板式楼梯编号见表4-17。

表4-17　标准设计图集15G367—1中预制钢筋混凝土板式楼梯编号

楼梯类型	规格代号
双跑楼梯	ST－××－×× 楼梯类型；层高；楼梯间净宽
剪刀楼梯	JT－××－×× 楼梯类型；层高；楼梯间净宽

例如，代号“ST-028-25”表示双跑楼梯，建筑层高2.8 m、楼梯间净宽2.5 m所对应的预制混凝土板式双跑楼梯梯段板；代号“JT-28-25”表示剪刀楼梯，建筑层高2.8 m、楼梯间净宽2.5 m所对应的预制混凝土板式剪刀楼梯梯段板。

（四）装配式建筑图纸识读基本方法及步骤

1. 结构施工图识读方法

整套施工图纸数量较多，每张图纸都包含大量与建筑相关的信息，若没有恰当的识读方法，则抓不住要点，分不清主次，即使了解识读所需的知识，也会收效甚微，无法完全了解图纸所表达的意思。

在识读装配式建筑图纸前，需对装配式建筑有一定的了解。装配式建筑与传统现浇混凝土结构无论是设计还是施工都有很大的区别，只有全面掌握了装配式结构的制作、运输、吊装、施工等知识后，才能更准确地识读装配式结构施工图。

建筑施工图按专业可分为建筑施工图、结构施工图、设备施工图。在实际应用中一定要注意，整套施工图是一个整体，不可将结构施工图单独识读。因为不管是建筑施工图、结构施工图还是设备施工图都是表达的同一幢建筑，只是选取的角度不同，建筑施工图是整套施工图纸的先导，结构施工图和设备施工图都是以建筑施工图为依据进行绘制的。在识读相应的结构施工图前需先阅读建筑施工图，对整体建筑平面布置、层数、功能等有大致印象，且在详细识读结构施工图时，可以配合相应的建筑施工图及设备施工图进行识读。如识读结构施工图中的梁板配筋图，可以配合建筑施工图中对应的平面图，以提高识读效率及效果。

在识读单张结构施工图时，首先需弄清这份图纸表达的主要内容，掌握图纸的特点，且联系上下图纸。在本图纸未表示的信息，譬如配筋、构件尺寸等，将会在其他图纸上予以体现。可根据看图经验顺口溜：从上往下看、从左向右看、由外向里看、由大到小看、由粗到细看、图样与说明对照看、建施与结施结合看、土建与安装结合看，这样看图才能获得较好的效果。

2. 识读步骤

（1）图纸核查与资料准备

1）拿到一套建筑施工图，需先把图纸目录看一遍。了解建筑的类型，是工业厂房还是民用建筑，建筑是单层、多层还是高层；图纸的数量，对这份图纸的建筑有初步的了解。

2）按照图纸目录检查各类图纸是否齐全，图纸编号与图名是否对应，且在装配式建筑中可能会大量采用标准设计图集中已有构件，需了解本套施工图采用了哪些标准设计图集，了解这些标准设计图集所属类别、编号及编制单位等，收集好被采用的标准设计图集，以便识读时可以随时查看。

我国编制的标准设计图集，按其编制的单位和适用范围可分为 3 类：经国家批准的标准设计图集，供全国范围内使用；经各省、自治区、直辖市等地方批准的通用标准设计图集，供本地区使用；各设计单位编制的设计图集，供本单位设计的工程使用。

全国通用的标准设计图集通常采用代号“G”或“结”表示结构标准构件类图集，用“J”或“建”表示建筑标准配件类图集。标准设计图集的查阅方法见表 4-18。

表4-18　标准设计图集的查阅方法

步骤	查阅方法说明
1	根据施工图中注明的标准设计图集名称、编号及编制单位，查找相应的图集
2	阅读标准设计图集的总说明，了解编制该图集的设计依据、使用范围、施工要求及注意事项等
3	了解该图集编号和表示方法，一般标准设计图集都用代号表示，代号表明构件、配件的类别、规格及大小
4	根据图集目录及构件、配件代号在该图集内查找所需详图

（2）图纸识读

1）看图时先看设计总说明，了解建筑的概况、技术要求等。一般按目录的排列顺序逐张看图，先看建筑总平面图，了解建筑物的地理位置、高程、坐标、朝向，以及与建筑相关的其他情况。若是一名施工技术人员，在看建筑总平面图时，应同步思考施工时如何进行施工平面布置、预制构件放置位置、吊装机械的选用等问题。

2）看完建筑总平面图之后，则应先看建筑施工图中的建筑平面图，了解房屋的长度、宽度、轴线尺寸、开间大小、一般布局等。装配式建筑中常通过减少预制构件种类来提高预制构件制作效率及降低建筑成本，因此装配式建筑中会通过一系列标准化部品、模块的多样组合来满足不同空间的功能需求，如图 4-16 所示。

在识读装配式建筑平面图，特别是标准层平面图时应特别注意这部分通用模块、通用构件。且随着目前计算机技术的发展，近年来越来越多的施工图中开始配有三维模型图，与原来二维图纸相比，三维模型图的加入使图纸变得立体起来，特别是对于一些空间形体多变、节点复杂的图纸，使其更富有空间感及立体感，在阅读时更容易理解。某预制模块构件组合如图 4-17 所示。

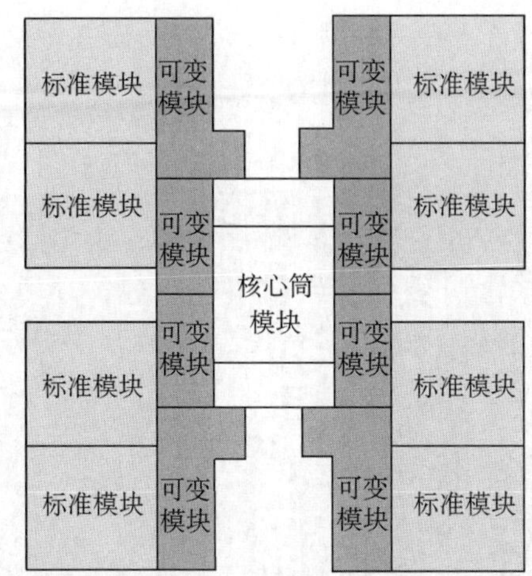

图4-16　装配式建筑套型平面组合

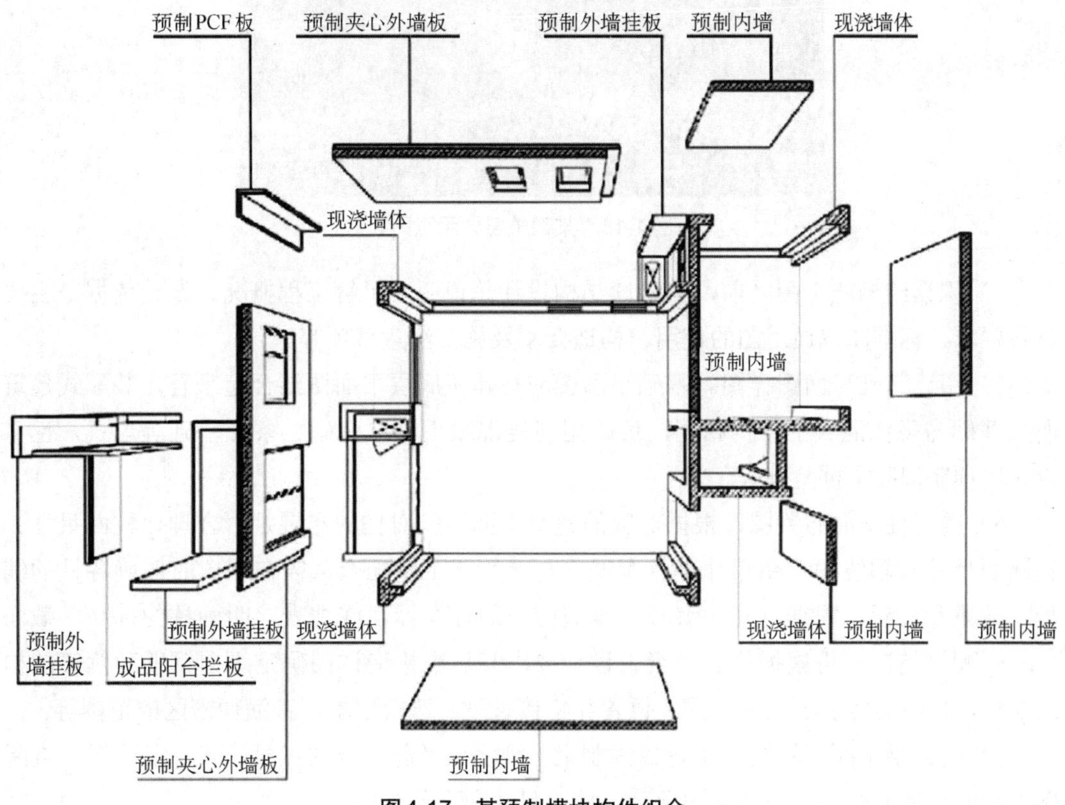

图4-17　某预制模块构件组合

3）在了解建筑平面布置的基本情况后，再看立面图和剖面图，对整栋建筑有一个初步总体印象，在脑海中逐渐形成该建筑的立体形象，能想象出它的规模和轮廓，如图4-18所示。这需要一定的空间想象能力，可以通过平时多读图，多接触实际建筑物，同时在工作中多实践来锻炼自己的能力，也可借助计算机软件尝试边读图边用计算机建立建筑模型来提高自己的能力。

图4-18　某建筑整体示意图

4）识读结构施工图之前，应先读结构设计总说明，了解工程概况、设计依据、主要材料要求、标准图或通用图的使用、构造要求及施工注意事项等。

5）阅读基础平面图详图。基础平面图应与建筑底层平面图结合起来看。装配式建筑所用基础与现浇混凝土结构相同，可采用现浇混凝土独立基础、条形基础等形式，也可以采用预制混凝土桩基础等。

6）阅读柱平面布置图，根据对应的建筑平面图校对柱的布置是否合理，柱网尺寸、柱断面尺寸与轴线的关系尺寸是否有误。与建筑施工图配合，需在识读时明确各柱的编号、数量和位置，根据各柱的编号，查阅图中的截面标注或柱表，明确柱的标高、截面尺寸、配筋情况。再根据抗震等级、设计要求和标准构造详图确定纵向钢筋和箍筋的构造要求，如纵向钢筋连接的方式、位置和搭接长度、弯折要求，箍筋加密区的范围等。

7）阅读梁平面布置图，了解各预制梁、现浇梁及叠合梁的编号、尺寸及位置，查阅图中截面标注或梁表，明确梁的标高、截面尺寸和配筋等情况。

8）阅读剪力墙平面布置图，了解各预制剪力墙身、现浇剪力墙身、剪力墙梁、后浇段的编号及平面位置，校核轴线编号及其间距尺寸，要求必须与建筑图、基础平面图保持一致。与建筑图配合，明确各段剪力墙的后浇段编号、数量及位置、墙身的编号和长度、洞口的定位尺寸。根据各段剪力墙身的编号，查阅剪力墙身表或图中标注，明确剪力墙身的厚度、标高和配筋情况。

9）识图时，若涉及采用标准图集，应详细阅读规定的标准图集。

（五）预制剪力墙施工图的识读

1. 概述

（1）剪力墙的作用

剪力墙结构是高层建筑中最常用的结构形式。建筑结构中会通过设置剪力墙来抵抗结构所承受的风荷载或地震作用引起的水平作用力，防止结构剪切破坏的发生。剪力墙又称为抗风墙、抗震墙或结构墙，一般为钢筋混凝土材料，如图 4-19 所示。

图4-19　剪力墙结构

（2）剪力墙构件的组成

装配式剪力墙墙体结构可视为由预制剪力墙身、后浇段、现浇剪力墙身、现浇剪力墙柱、现浇剪力墙梁等构件构成。

2. 预制剪力墙的平法识读

（1）预制剪力墙的平法表示方式

预制剪力墙在墙平面布置图中通常采用截面注写方式和列表注写方式进行表达，如图 4-20 所示。

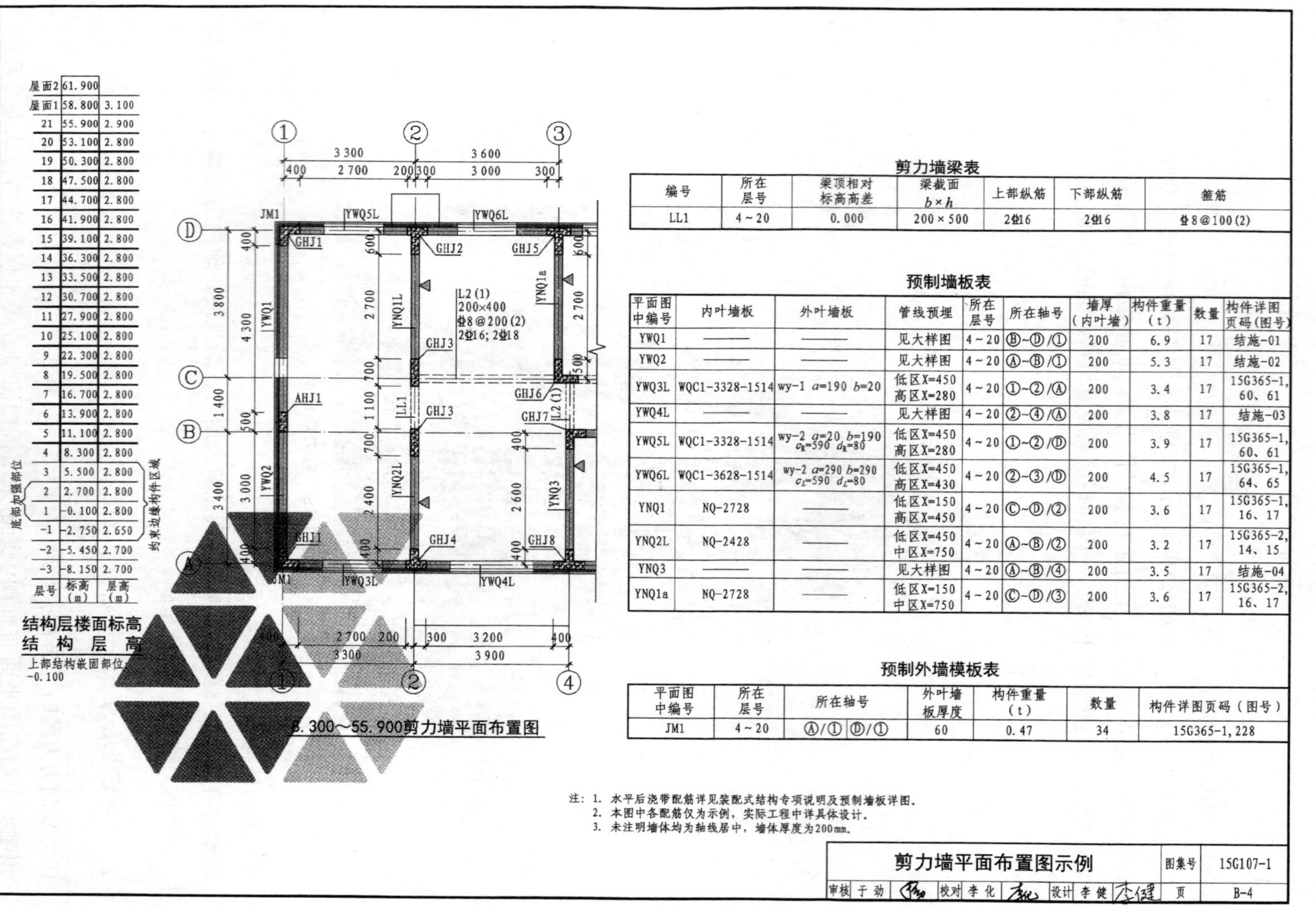

层号	标高（m）	层高（m）
屋面2	61.900	
屋面1	58.800	3.100
21	55.900	2.900
20	53.100	2.800
19	50.300	2.800
18	47.500	2.800
17	44.700	2.800
16	41.900	2.800
15	39.100	2.800
14	36.300	2.800
13	33.500	2.800
12	30.700	2.800
11	27.900	2.800
10	25.100	2.800
9	22.300	2.800
8	19.500	2.800
7	16.700	2.800
6	13.900	2.800
5	11.100	2.800
4	8.300	2.800
3	5.500	2.800
2	2.700	2.800
1	-0.100	2.800
-1	-2.750	2.650
-2	-5.450	2.700
-3	-8.150	2.700

剪力墙梁表

编号	所在层号	梁顶相对标高高差	梁截面 $b\times h$	上部纵筋	下部纵筋	箍筋
LL1	4～20	0.000	200×500	2Φ16	2Φ16	Φ8@100(2)

预制墙板表

平面图中编号	内叶墙板	外叶墙板	管线预埋	所在层号	所在轴号	墙厚（内叶墙）	构件重量（t）	数量	构件详图页码（图号）
YWQ1	——	——	见大样图	4～20	Ⓑ～Ⓓ/①	200	6.9	17	结施-01
YWQ2	——	——	见大样图	4～20	Ⓐ～Ⓑ/①	200	5.3	17	结施-02
YWQ3L	WQC1-3328-1514	wy-1 a=190 b=20	低区X=450 高区X=280	4～20	①～②/Ⓐ	200	3.4	17	15G365-1, 60、61
YWQ4L	——	——	见大样图	4～20	②～④/Ⓐ	200	3.8	17	结施-03
YWQ5L	WQC1-3328-1514	wy-2 a=20 b=190 c_R=590 d_R=80	低区X=450 高区X=280	4～20	①～②/Ⓓ	200	3.9	17	15G365-1, 60、61
YWQ6L	WQC1-3628-1514	wy-2 a=290 b=290 c_L=590 d_L=80	低区X=450 高区X=430	4～20	②～③/Ⓓ	200	4.5	17	15G365-1, 64、65
YNQ1	NQ-2728	——	低区X=150 高区X=450	4～20	Ⓒ～Ⓓ/②	200	3.6	17	15G365-1, 16、17
YNQ2L	NQ-2428	——	低区X=450 中区X=750	4～20	Ⓐ～Ⓑ/②	200	3.2	17	15G365-2, 14、15
YNQ3	——	——	见大样图	4～20	Ⓐ～Ⓑ/④	200	3.5	17	结施-04
YNQ1a	NQ-2728	——	低区X=150 中区X=750	4～20	Ⓒ～Ⓓ/③	200	3.6	17	15G365-2, 16、17

预制外墙模板表

平面图中编号	所在层号	所在轴号	外叶墙板厚度	构件重量（t）	数量	构件详图页码（图号）
JM1	4～20	Ⓐ/① Ⓓ/①	60	0.47	34	15G365-1, 228

注：1. 水平后浇带配筋详见装配式结构专项说明及预制墙板详图。
2. 本图中各配筋仅为示例，实际工程中详具体设计。
3. 未注明墙体均为轴线居中，墙体厚度为200mm。

剪力墙平面布置图示例						图集号	15G107-1
审核 于劲	[signature]	校对 李化	[signature]	设计 李健	[signature]	页	B-4

图4-20　剪力墙平面布置图示例

截面注写方式，是在剪力墙平面布置图上，直接在墙柱、墙梁、墙身上注写截面尺寸和配筋具体数值，来标明该构件的平法施工图。

列表注写方式，是在剪力墙平面布置图上标注墙柱、墙梁、预制墙板的定位和编号，并在“墙柱表”“墙梁表”“预制墙板表”中对应剪力墙平面布置图上的编号，具体标识各构件的几何尺寸及配筋的具体数值。

（2）预制剪力墙的识读要点

1）预制剪力墙平面布置图的识读。

通过剪力墙平面布置图可以识读出以下内容：

① 图名。

② 结构层层高，需结合对应结构层高表识读。

③ 轴网，轴网由横纵相交的定位轴线组成，用来确定建筑结构中墙体、柱子等构件的位置及尺寸。

④ 预制剪力墙的相关信息，预制剪力墙的编号、预制墙板表、预制墙板的图集索引。

读预制剪力墙的编号时应明确装配方向（外墙板以内侧为装配方向，不需特殊标注，内墙板用▲表示装配方向），再结合预制墙板表中对应编号的预制剪力墙，识读出各编号预制墙板的具体信息。

2）预制剪力墙墙板表的识读。

通过识读墙板表，应明确管线预埋的位置；不同编号预制墙板的所在轴线；预制剪力墙板的墙厚、重量、数量等信息。

3）预制剪力墙墙梁表的识读。

通过识读表 4-19，应明确对应编号剪力墙梁的截面尺寸；箍筋配置情况；上、下部钢筋的配置情况。识读时还应特别注意墙梁相对标高高差，若高差为 0.000 m，则表明墙梁与墙身无高度差，属于预制墙梁中的暗梁。

表4-19　剪力墙梁表

编号	所在层号	梁顶相对标高高差	梁截面 $b\times h$	上部纵筋	下部纵筋	箍筋
LL1	4～20	0.000	200×500	2 ⊈ 16	2 ⊈ 16	⊈ 8@100（2）

3. 预制剪力墙施工图的识读

在此根据标准设计图集 15G365 的要求，以预制外墙板为例对预制实心墙体施工图如图 4-21 所示的识读做介绍。标准设计图集 15G365 共有 2 册，标准设计图集 15G365—1 内容为预制剪力墙外墙板，标准设计图集 15G365—2 内容为预制剪力墙内墙板。内墙板与外墙板构造基本类似，外墙板在内墙板构造上设置了保温层，也称为三明治墙板，是一种可以实现围护与保温一体化的保温墙体，墙体由内外叶钢筋混凝土板、中间保温层和连接件组成如图 4-22 所示。

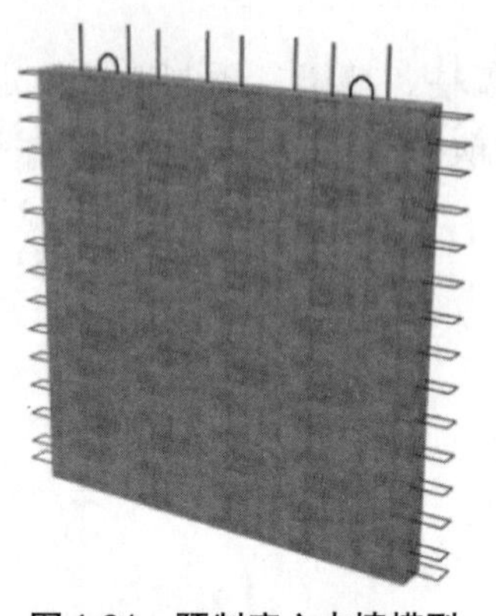

图4-21　预制实心内墙模型

图4-22　预制夹心保温外墙模型

内墙板和外墙板的施工图均由模板图和配筋图组成，图集中又将外墙板按墙体有、无门窗空洞分为 5 类。

（1）无洞口预制外墙板施工图识读

通过图 4-23 和图 4-24 应识读出以下内容：

1）图名，根据图名可以判断出该墙体属于哪类（有、无洞口的）外墙。

2）内叶墙/外叶墙尺寸，通过识读主视图可以清晰地看到组成该墙体的内叶墙和外叶墙，应注意内叶墙在前、外叶墙在后，且内、外叶墙尺寸不相同。

3）内叶墙/外叶墙厚度，除主视图外，各模板图均附有各墙体俯视图、仰视图、右视图，通过识读俯视图可以清晰地看到该预制墙体构造。

4）预埋线盒位置，通过识读主视图获得信息。

5）墙体连接方式，通过识读主视图获得信息。

6）支撑预埋螺母位置，通过识读主视图获得信息。

7）吊点位置，通过识读俯视图获得信息。

8）钢筋的配置情况，通过识读钢筋图中的配筋表和配筋图获得信息。

（2）有洞口预制外墙板施工图识读

通过图 4-25 和图 4-26 应识读出以下内容：

1）图名，根据图名可以判断出该墙体属于哪类（有、无洞口的）外墙。

2）预制外墙尺寸，通过图名和模板图获得信息。

3）预制外墙适用范围，通过识读文字说明可以获得信息，图中尺寸用于建筑面层为 50 mm 的墙板，括号内尺寸用于建筑面层为 100 mm 的墙板。识读模板图时应仔细阅读文字说明。

4）预埋配件情况，通过识读模板图中的预埋配件明细表并配合模板图获得相关信息。

5）套筒灌浆情况，通过识读灌浆分区示意图和主视图获得相关信息。

6）钢筋配置情况，通过识读配筋图、配筋表获得相关信息。

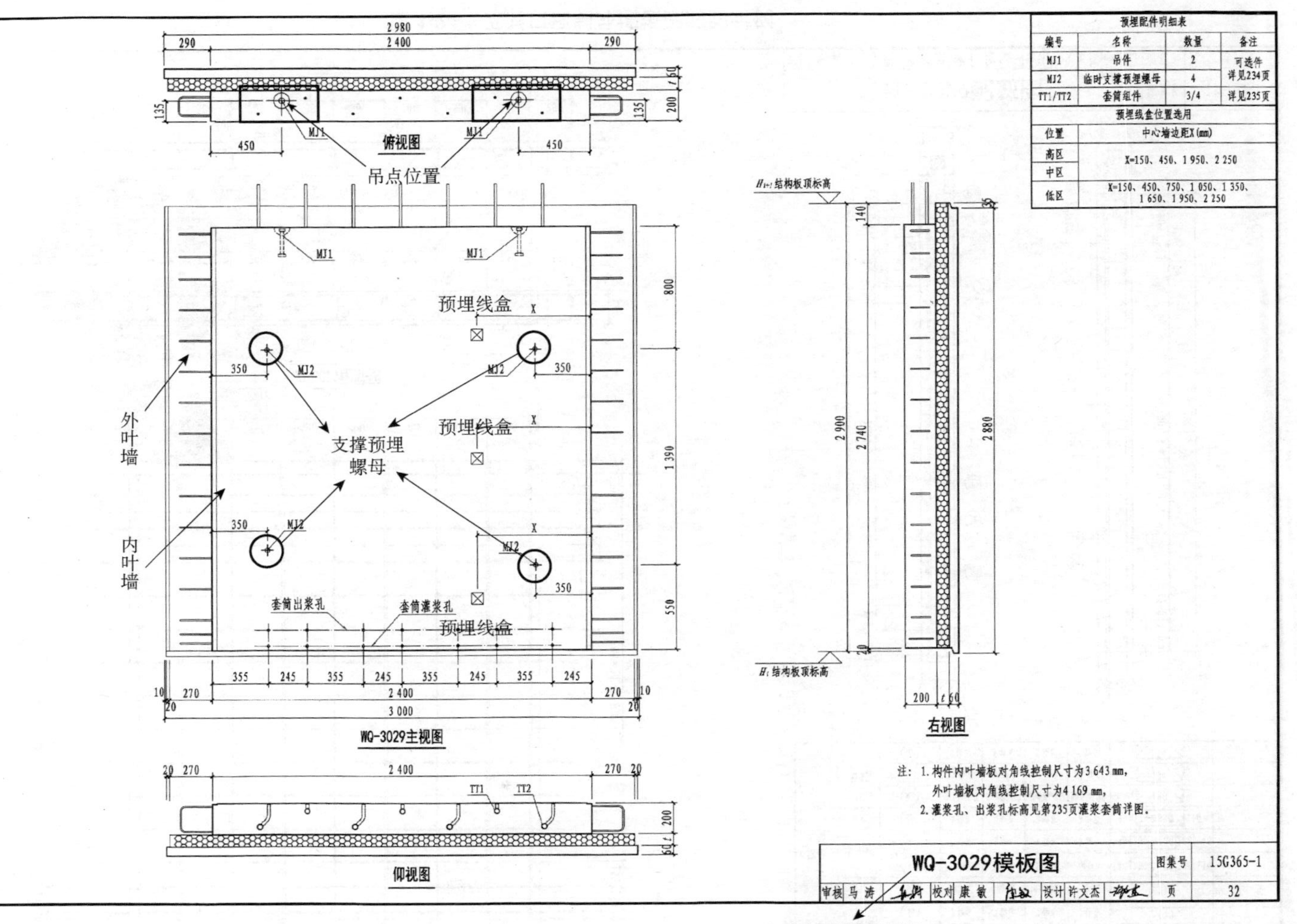

图4-23　无洞口预制外墙板模板图

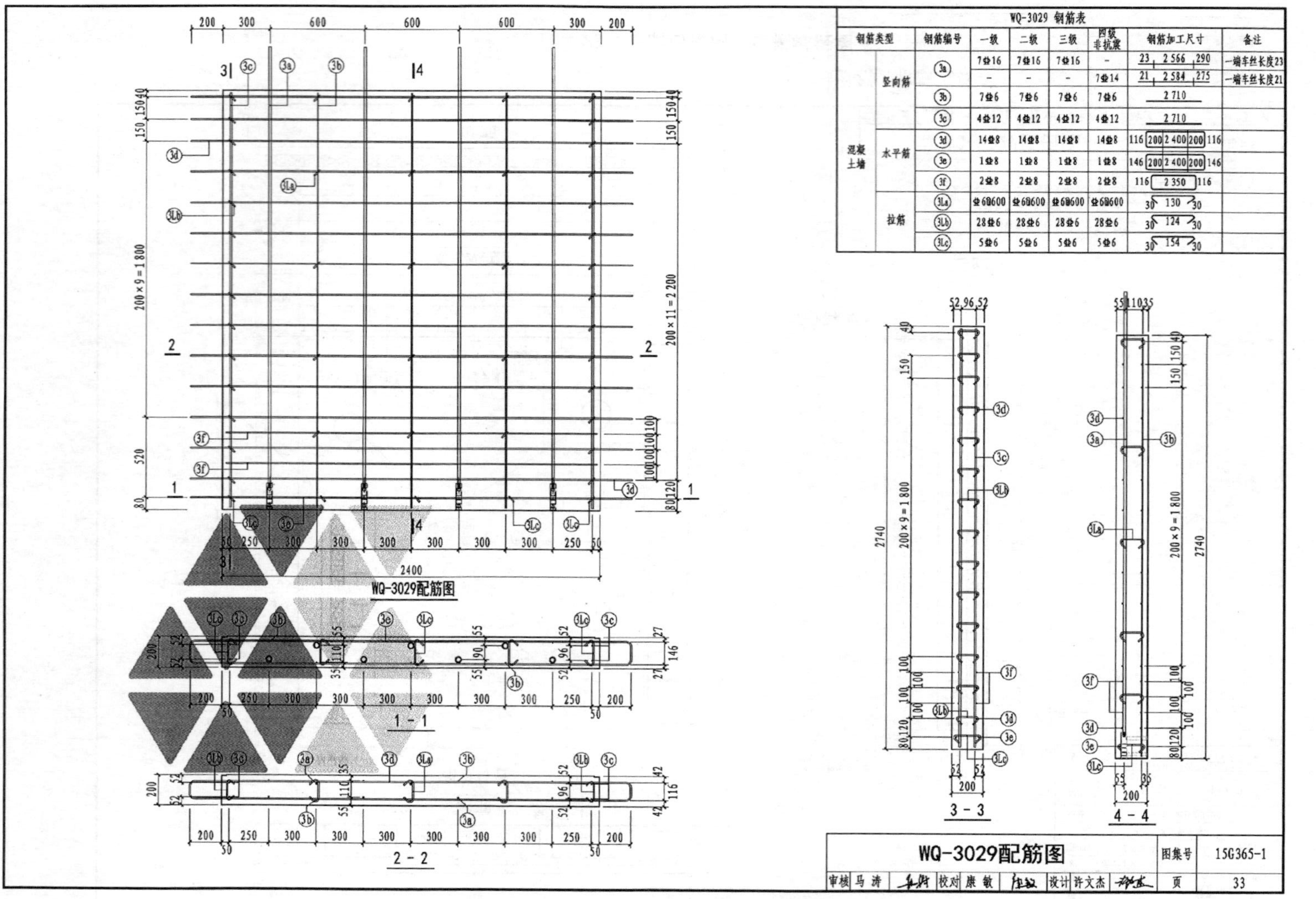

WQ-3029 钢筋表

钢筋类型		钢筋编号	一级	二级	三级	四级 非抗震	钢筋加工尺寸	备注
混凝土墙	竖向筋	3a	7Φ16	7Φ16	7Φ16	-	23 2 566 290	一端车丝长度23
			-	-	-	7Φ14	21 2 584 275	一端车丝长度21
		3b	7Φ6	7Φ6	7Φ6	7Φ6	2 710	
		3c	4Φ12	4Φ12	4Φ12	4Φ12	2 710	
	水平筋	3d	14Φ8	14Φ8	14Φ8	14Φ8	116 200 2 400 200 116	
		3e	1Φ8	1Φ8	1Φ8	1Φ8	146 200 2 400 200 146	
		3f	2Φ8	2Φ8	2Φ8	2Φ8	116 2 350 116	
	拉筋	3La	Φ6@600	Φ6@600	Φ6@600	Φ6@600	30 130 30	
		3Lb	28Φ6	28Φ6	28Φ6	28Φ6	30 124 30	
		3Lc	5Φ6	5Φ6	5Φ6	5Φ6	30 154 30	

图4-24 无洞口预制外墙板配筋图示例

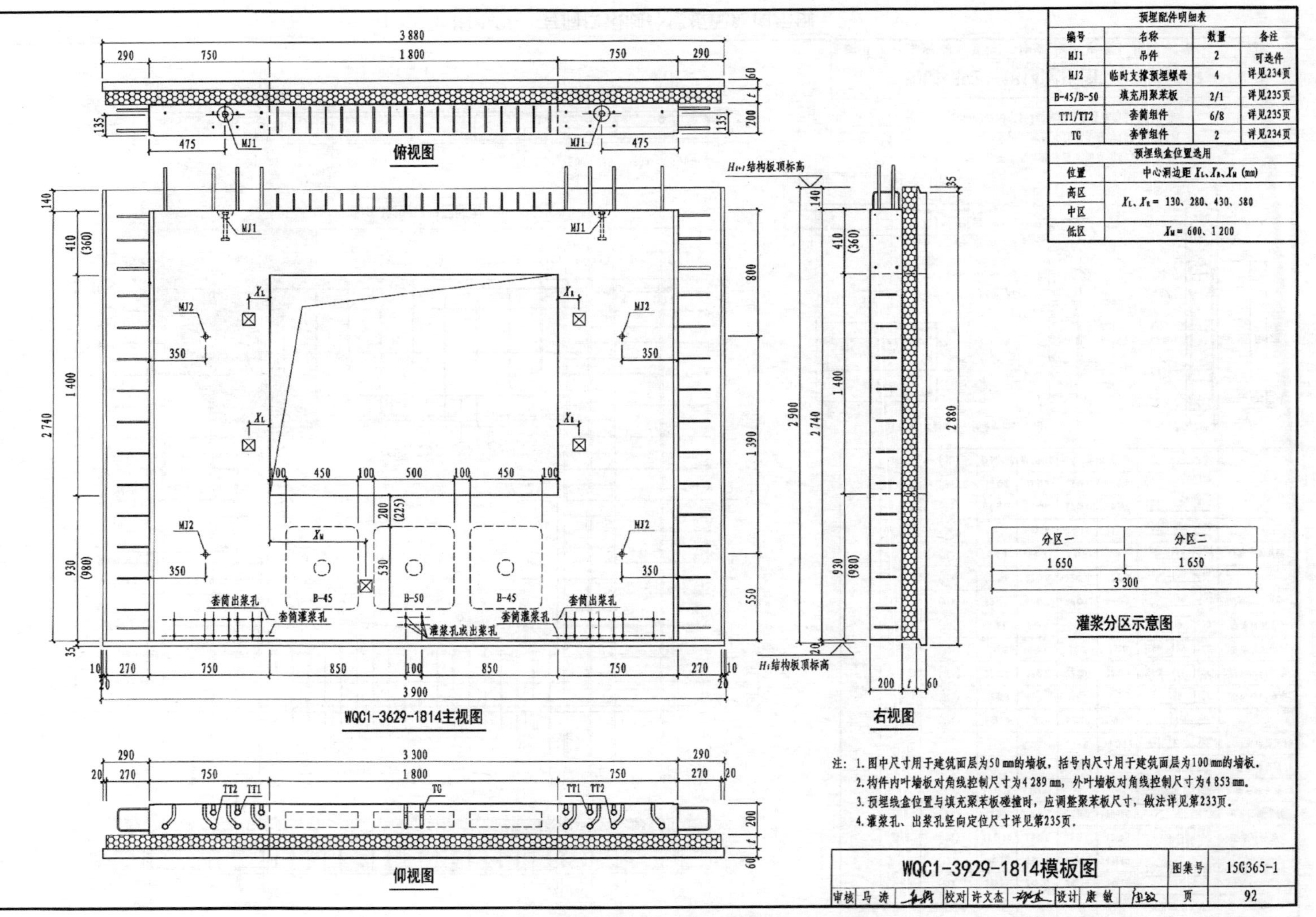

图4-25　有洞口预制外墙板模板图示例

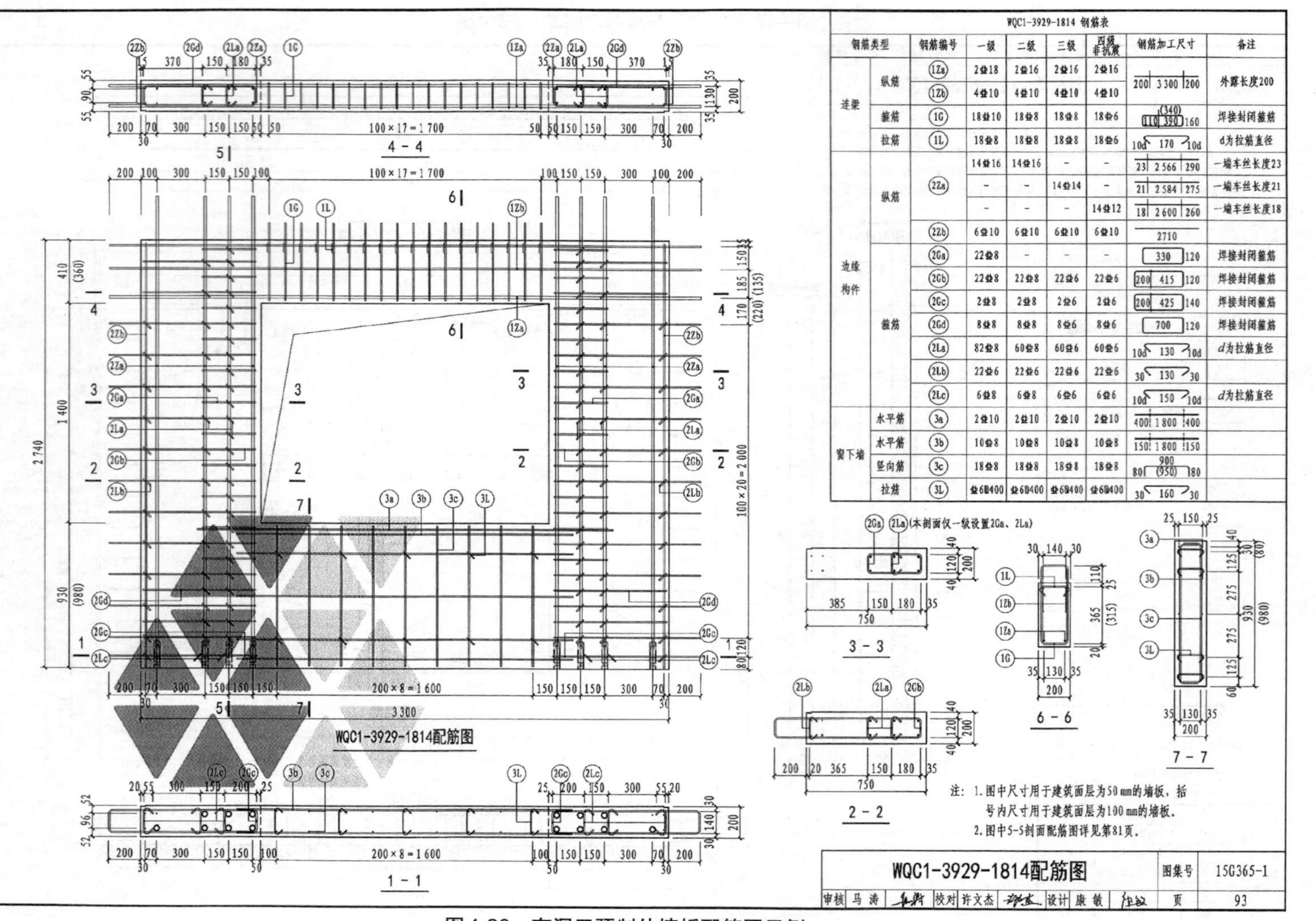

WQC1-3929-1814 钢筋表

钢筋类型		钢筋编号	一级	二级	三级	四级非抗震	钢筋加工尺寸	备注
连梁	纵筋	1Za	2⌀18	2⌀16	2⌀16	2⌀16	200 3 300 200	外露长度200
		1Zb	4⌀10	4⌀10	4⌀10	4⌀10		
	箍筋	1G	18⌀10	18⌀8	18⌀8	18⌀6	(340) 110 390 160	焊接封闭箍筋
	拉筋	1L	18⌀8	18⌀8	18⌀8	18⌀6	10d 170 10d	d为拉筋直径
边缘构件	纵筋	2Za	14⌀16	14⌀16	-	-	23 2 566 290	一端车丝长度23
			-	-	14⌀14	-	21 2 584 275	一端车丝长度21
			-	-	-	14⌀12	18 2 600 260	一端车丝长度18
		2Zb	6⌀10	6⌀10	6⌀10	6⌀10	2710	
	箍筋	2Ga	22⌀8	-	-	-	330 120	焊接封闭箍筋
		2Gb	22⌀8	22⌀8	22⌀6	22⌀6	200 415 120	焊接封闭箍筋
		2Gc	2⌀8	2⌀8	2⌀6	2⌀6	200 425 140	焊接封闭箍筋
		2Gd	8⌀8	8⌀8	8⌀6	8⌀6	700 120	焊接封闭箍筋
		2La	82⌀8	60⌀8	60⌀6	60⌀6	10d 130 10d	d为拉筋直径
		2Lb	22⌀6	22⌀6	22⌀6	22⌀6	30 130 30	
		2Lc	6⌀8	6⌀8	6⌀6	6⌀6	10d 150 10d	d为拉筋直径
窗下墙	水平筋	3a	2⌀10	2⌀10	2⌀10	2⌀10	400 1 800 400	
	水平筋	3b	10⌀8	10⌀8	10⌀8	10⌀8	150 1 800 150	
	竖向筋	3c	18⌀8	18⌀8	18⌀8	18⌀8	80 900 (950) 180	
	拉筋	3L	⌀6@400	⌀6@400	⌀6@400	⌀6@400	30 160 30	

注：1. 图中尺寸用于建筑面层为50 mm的墙板，括号内尺寸用于建筑面层为100 mm的墙板。
2. 图中5-5剖面配筋图详见第81页。

WQC1-3929-1814配筋图								图集号	15G365-1
审核	马涛		校对	许文杰		设计	康敏	页	93

图 4-26　有洞口预制外墙板配筋图示例

（六）桁架钢筋混凝土叠合板施工图的识读

1. 概述

（1）叠合板的定义

预制楼板是建筑最主要的预制水平结构构件，按照施工方式和结构性能的不同，可分为钢筋桁架模板、叠合楼板（简称叠合板）、双 T 板等。叠合板由于整体性能较好，被广泛地用于装配式建筑中，并有配套标准设计图集《桁架钢筋混凝土叠合板（60 mm 厚底板）》（15G366—1）。

叠合板是一种模板、结构混合的楼板形式，属于半预制构件。预制部分既是楼板的组成成分，又是现浇混凝土层的天然模板。在工地安装到位后要进行二次浇筑，从而成为整体实心楼板。二次浇筑完成的混凝土楼板厚度不应小于 60 mm，实际厚度取决于跨度与荷载。伸出预制混凝土层的钢筋桁架和粗糙的混凝土表面保证了叠合板预制部分与现浇部分能有效结合成整体。

（2）叠合板的分类

在建筑结构中，按受力特点和支承情况将板分为单向板和双向板。单向板是指在荷载作用下，只在一个方向或主要在一个方向弯曲的板，如图 4-27（a）所示。而在荷载作用下，在两个方向都发生弯曲变形，且不能忽略任一方向弯曲的板则为双向板，如图 4-27（b）所示。根据《混凝土结构设计规范（2015 年版）》（GB 50010—2010）的规定，对于两边支承的板，为单向板。对四边支承的板，当$l_2/l_1 \leqslant 2$ 时，为双向板；当 $2 < l_2/l_1 < 3$ 时，可视为双向板，也可视为沿短边方向受力的单向板；当$l_2/l_1 \geqslant 3$ 时，视为沿短边方向受力的单向板。

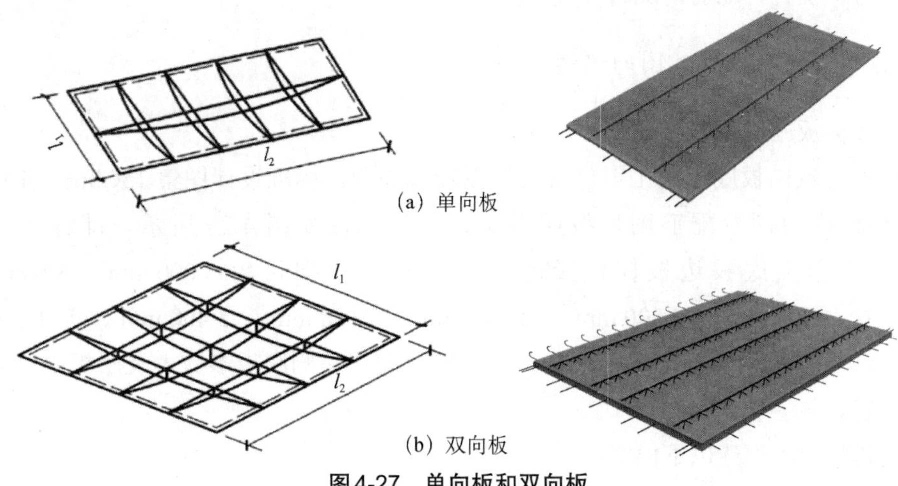

(a) 单向板

(b) 双向板

图 4-27　单向板和双向板

（3）标准设计图集《桁架钢筋混凝土叠合板（60 mm 厚底板）》（15G366—1）知识体系

标准设计图集《桁架钢筋混凝土叠合板（60 mm 厚底板）》（15G366—1）中混凝土叠

合板底板厚度均为 60 mm，后浇混凝土叠合层厚度为 70 mm、80 mm、90 mm 三种，图集知识体系见表 4-20。

表 4-20　标准设计图集 15G366—1 知识体系

桁架钢筋混凝土叠合板		15G366—1
编制说明		P3～P6
底板类型	双向板	P7～P56
	单向板	P57～P66
吊点	双向板	P67～P75
	单向板	P76～P80
详图		P81～P83

2. 桁架钢筋混凝土叠合板施工图的识读

叠合板（图集中也称“叠合楼盖”）施工图主要包括预制底板平面布置图、现浇层配筋图、水平后浇带或圈梁布置图。通过图 4-28 可以识读以下内容：

1）图名，通常标注在相应图纸下方或图纸标题栏内。

2）平面图适用范围，需结合结构层高表识读。

3）叠合板构件编号，通过编号可识读出构件为单向板还是双向板。

4）预制底板表，结合底板平面布置图，识读叠合板预制底板表，明确各叠合预制底板在底板平面布置图所在的位置，明确各叠合预制板所应用的楼层、构件重量、数量。

5）现浇层平面配筋情况，通过现浇层平面配筋图识读。

6）水平后浇带情况，配合水平后浇带表识读水平后浇带平面布置图，明确各水平后浇带的编号、位置、配筋情况。

3. 预制叠合底板施工图的识读

（1）双向板施工图的识读

预制叠合双向板底板施工图包含模板图和配筋图，标准设计图集 15G366—1 中所包含预制底板模板图及配筋图均按照板宽进行绘制，如图 4-29 所示，即标志宽度为 1 200 mm 双向板底板边板模板及配筋图，长度方向可为 3 000 mm、3 600 mm、3 900 mm、4 200 mm、4 500 mm、4 800 mm、5 100 mm、5 400 mm、5 700 mm 及 6 000 mm。根据实际底板宽度、长度及现浇层厚度在左侧底板参数表及底板配筋表中查找对应信息。

通过模板图可识读以下内容：

1）结合底板参数表识读板模板图及对应剖面图，明确底板的类型、尺寸、桁架数量、桁架位置、混凝土体积、底板自重等信息，以方便后续编制施工组织方案等。

2）明确叠合底板需要进行粗糙面处理的位置。

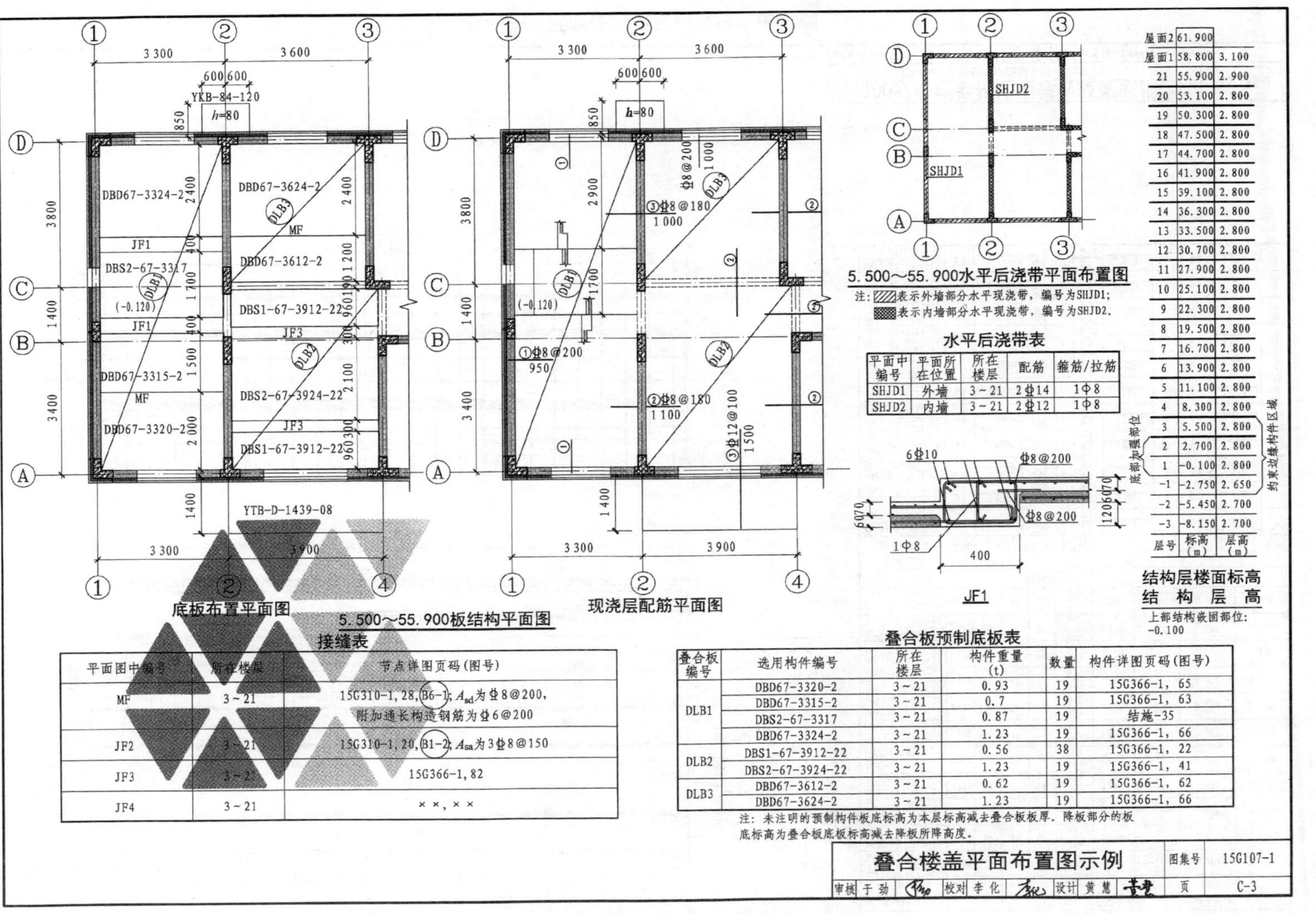

接缝表

平面图中编号	所在楼层	节点详图页码（图号）
MF	3～21	15G310-1，28，B6-1，A_{sd}为Φ8@200，附加通长构造钢筋为Φ6@200
JF2	3～21	15G310-1，20，B1-2，A_{sa}为3Φ8@150
JF3	3～21	15G366-1，82
JF4	3～21	××，××

水平后浇带表

平面中编号	平面所在位置	所在楼层	配筋	箍筋/拉筋
SHJD1	外墙	3～21	2Φ14	1Φ8
SHJD2	内墙	3～21	2Φ12	1Φ8

叠合板预制底板表

叠合板编号	选用构件编号	所在楼层	构件重量(t)	数量	构件详图页码（图号）
DLB1	DBD67-3320-2	3～21	0.93	19	15G366-1，65
	DBD67-3315-2	3～21	0.7	19	15G366-1，63
	DBS2-67-3317	3～21	0.87	19	结施-35
	DBD67-3324-2	3～21	1.23	19	15G366-1，66
DLB2	DBS1-67-3912-22	3～21	0.56	38	15G366-1，22
	DBS2-67-3924-22	3～21	1.23	19	15G366-1，41
DLB3	DBD67-3612-2	3～21	0.62	19	15G366-1，62
	DBD67-3624-2	3～21	1.23	19	15G366-1，66

注：未注明的预制构件板底标高为本层标高减去叠合板板厚。降板部分的板底标高为叠合板底板标高减去降板所降高度。

层号	标高(m)	层高(m)
屋面2	61.900	
屋面1	58.800	3.100
21	55.900	2.900
20	53.100	2.800
19	50.300	2.800
18	47.500	2.800
17	44.700	2.800
16	41.900	2.800
15	39.100	2.800
14	36.300	2.800
13	33.500	2.800
12	30.700	2.800
11	27.900	2.800
10	25.100	2.800
9	22.300	2.800
8	19.500	2.800
7	16.700	2.800
6	13.900	2.800
5	11.100	2.800
4	8.300	2.800
3	5.500	2.800
2	2.700	2.800
1	-0.100	2.800
-1	-2.750	2.650
-2	-5.450	2.700
-3	-8.150	2.700

图4-28　叠合板（叠合楼盖）平面布置图示例

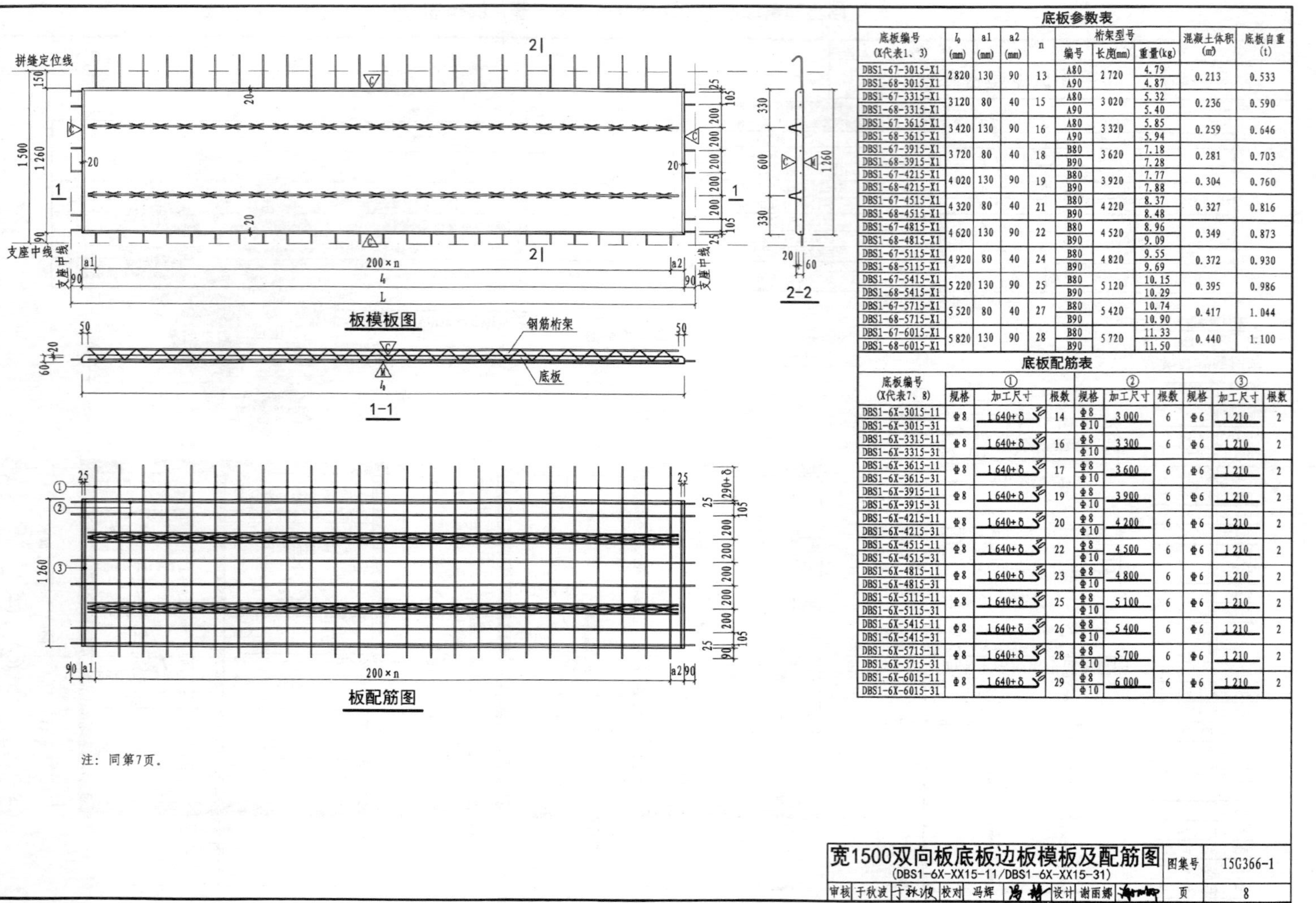

底板参数表

底板编号(X代表1、3)	l_0 (mm)	a1 (mm)	a2 (mm)	n	桁架型号 编号	桁架型号 长度(mm)	桁架型号 重量(kg)	混凝土体积 (m³)	底板自重 (t)
DBS1-67-3015-X1	2 820	130	90	13	A80	2 720	4.79	0.213	0.533
DBS1-68-3015-X1					A90		4.87		
DBS1-67-3315-X1	3 120	80	40	15	A80	3 020	5.32	0.236	0.590
DBS1-68-3315-X1					A90		5.40		
DBS1-67-3615-X1	3 420	130	90	16	A80	3 320	5.85	0.259	0.646
DBS1-68-3615-X1					A90		5.94		
DBS1-67-3915-X1	3 720	80	40	18	B80	3 620	7.18	0.281	0.703
DBS1-68-3915-X1					B90		7.28		
DBS1-67-4215-X1	4 020	130	90	19	B80	3 920	7.77	0.304	0.760
DBS1-68-4215-X1					B90		7.88		
DBS1-67-4515-X1	4 320	80	40	21	B80	4 220	8.37	0.327	0.816
DBS1-68-4515-X1					B90		8.48		
DBS1-67-4815-X1	4 620	130	90	22	B80	4 520	8.96	0.349	0.873
DBS1-68-4815-X1					B90		9.09		
DBS1-67-5115-X1	4 920	80	40	24	B80	4 820	9.55	0.372	0.930
DBS1-68-5115-X1					B90		9.69		
DBS1-67-5415-X1	5 220	130	90	25	B80	5 120	10.15	0.395	0.986
DBS1-68-5415-X1					B90		10.29		
DBS1-67-5715-X1	5 520	80	40	27	B80	5 420	10.74	0.417	1.044
DBS1-68-5715-X1					B90		10.90		
DBS1-67-6015-X1	5 820	130	90	28	B80	5 720	11.33	0.440	1.100
DBS1-68-6015-X1					B90		11.50		

底板配筋表

底板编号(X代表7、8)	① 规格	① 加工尺寸	① 根数	② 规格	② 加工尺寸	② 根数	③ 规格	③ 加工尺寸	③ 根数
DBS1-6X-3015-11	Φ8	1 640+δ	14	Φ8	3 000	6	Φ6	1 210	2
DBS1-6X-3015-31				Φ10					
DBS1-6X-3315-11	Φ8	1 640+δ	16	Φ8	3 300	6	Φ6	1 210	2
DBS1-6X-3315-31				Φ10					
DBS1-6X-3615-11	Φ8	1 640+δ	17	Φ8	3 600	6	Φ6	1 210	2
DBS1-6X-3615-31				Φ10					
DBS1-6X-3915-11	Φ8	1 640+δ	19	Φ8	3 900	6	Φ6	1 210	2
DBS1-6X-3915-31				Φ10					
DBS1-6X-4215-11	Φ8	1 640+δ	20	Φ8	4 200	6	Φ6	1 210	2
DBS1-6X-4215-31				Φ10					
DBS1-6X-4515-11	Φ8	1 640+δ	22	Φ8	4 500	6	Φ6	1 210	2
DBS1-6X-4515-31				Φ10					
DBS1-6X-4815-11	Φ8	1 640+δ	23	Φ8	4 800	6	Φ6	1 210	2
DBS1-6X-4815-31				Φ10					
DBS1-6X-5115-11	Φ8	1 640+δ	25	Φ8	5 100	6	Φ6	1 210	2
DBS1-6X-5115-31				Φ10					
DBS1-6X-5415-11	Φ8	1 640+δ	26	Φ8	5 400	6	Φ6	1 210	2
DBS1-6X-5415-31				Φ10					
DBS1-6X-5715-11	Φ8	1 640+δ	28	Φ8	5 700	6	Φ6	1 210	2
DBS1-6X-5715-31				Φ10					
DBS1-6X-6015-11	Φ8	1 640+δ	29	Φ8	6 000	6	Φ6	1 210	2
DBS1-6X-6015-31				Φ10					

图4-29　预制叠合板双向板板底图示例

通过配筋图可识读以下内容：

1）结合底板配筋表，识读叠合双向板底板配筋图，明确纵向受力钢筋、水平分布钢筋、钢筋桁架位置和尺寸。

2）开洞位置的确认，开洞位置应避开桁架钢筋的位置，当无法避开时，应请设计人员另行设计。

（2）单向板施工图的识读

预制叠合单向板底板模板图和配筋图与双向板底板较为类似，识读方法一致。但因单向板为双边支撑，仅在纵向受力变形，故单向板仅在两短边方向延伸出钢筋，两长边方向不再延伸钢筋，除长边不再有延伸钢筋以外，单向板底板截面与双向边截面也略有不同，图 4-30（a）、（b）分别为单向板断面图和双向板断面图。从图中可见双向板底板底部为 90°设计，并无剖口，而单向板底板两底角带有一边长为 10 mm 的剖口，识读单向板施工图时应加以注意。

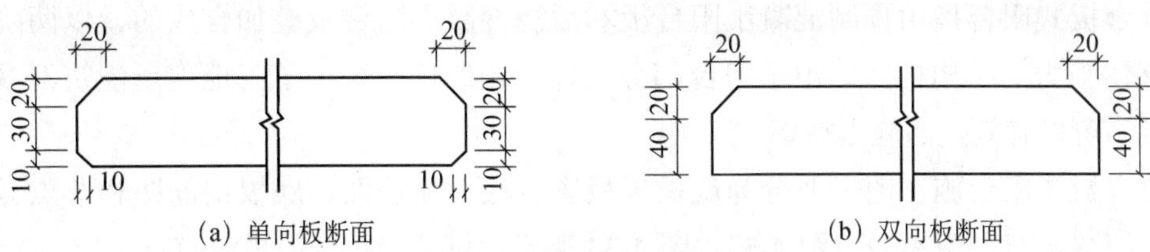

图 4-30　预制板底断面

（七）预制阳台施工图的识读

1. 概述

（1）预制阳台的布置形式

阳台是住宅建筑设计的重要组成部分，阳台的结构设计，既要满足强度和稳定的要求，又要满足建筑设计的需要。

预制阳台分叠合阳台（半预制）和全预制阳台。预制阳台可以节省工地制模和昂贵的支撑。阳台板一般在预制场制作，在叠合板体系中，可以将预制阳台和叠合楼板以及叠合墙板一次性浇筑成一个整体，或运输到现场安装。预制阳台板较适合用于由多幢住宅组成的住宅小区，在阳台板数量较多的情况下，更能显示出其优越性。

预制阳台板的受力情况同挑梁式阳台板相同，即由悬挑横梁承担阳台的全部荷载，结构安全可靠；另一个显著优点是预制阳台板吊装就位后，板底设立柱支顶即可，没有很大的现场混凝土浇灌的工作量，因而极大地加快了施工速度。

（2）预制阳台板的技术要求

根据《预制钢筋混凝土阳台板、空调板及女儿墙》（15G368—1），对预制钢筋混凝土阳台板、空调板选用原则提出以下技术要求：

1）预制钢筋混凝土阳台板、空调板，宜选用 15G368—1 的做法。选用标准图集，可简化设计过程，便于形成规模化生产，降低工程成本。

2）同一建筑单体，预制阳台板、预制空调板规格均不宜超过两种。限制预制阳台板和预制空调板规格数量，有利于预制构件的规模化生产，降低构件成本。

3）预制阳台板长度，宜采用 2 M（即 200 mm）的整数倍数。

4）预制阳台板宽度，宜采用 3 M（即 300 mm）的整数倍数。

5）预制阳台板封边高度，宜采用 4 M（即 400 mm）的整数倍数。实际工程中，如需要较高的阳台栏板，可另做阳台栏板构件。

2. 预制阳台板的识读

预制阳台板常见的有叠合板式阳台和全预制阳台。本节主要对叠合板式阳台板构造详图和全预制阳台板构造详图的施工图识读进行介绍。

叠合板式阳台构件：

叠合板式阳台指由预制混凝土阳台板和后浇混凝土阳台板叠加合成的、以两阶段成型的整体受力的结构构件。由于阳台部分构件为预制件，减少了工地现场浇筑混凝土的工作量，可以有效提高施工效率。

叠合板式阳台施工图主要分为底板模板图、底板配筋图、底板钢筋图和节点详图，其示例如图 4-31、图 4-32、图 4-33、图 4-34 所示，可从中识读的内容有：

1）图名。

2）通过识读底板模板图，可知阳台在建筑中所处的位置及所在房间开间；阳台的宽度和长度方向的尺寸；阳台排水预留孔、吊点等构造的水平位置及尺寸；叠合板现浇层厚度，预制板厚度、现浇板与预制板的叠合处理及有关尺寸；外叶墙及保温层厚度、阳台板封边厚度。

3）通过识读底板配筋图，可知预制阳台板钢筋（包含加强筋）的编号、规格、数量、形状、尺寸等信息；预制阳台板钢筋（包含加强筋）的排布信息；各节点钢筋的排布信息。

4）通过识读钢筋表，可知预制阳台板钢筋（包含加强筋）的编号、名称、规格、数量、形状、尺寸、重量等信息。

5）通过识读节点详图，可知阳台板与主体结构安装信息；叠合板式阳台与主体结构节点连接信息；封边桁架钢筋信息；阳台板封边预埋件信息；阳台栏杆预埋件信息；滴水线、预埋吊环信息等。

3. 全预制阳台构件的识读

全预制阳台表面的平整度可以做得和模具的表面一样平或者做出凹陷的效果，地面坡度和排水口也在工厂预制完成，可以节省工地制模和昂贵的支撑，更能极大地提高施工效率。

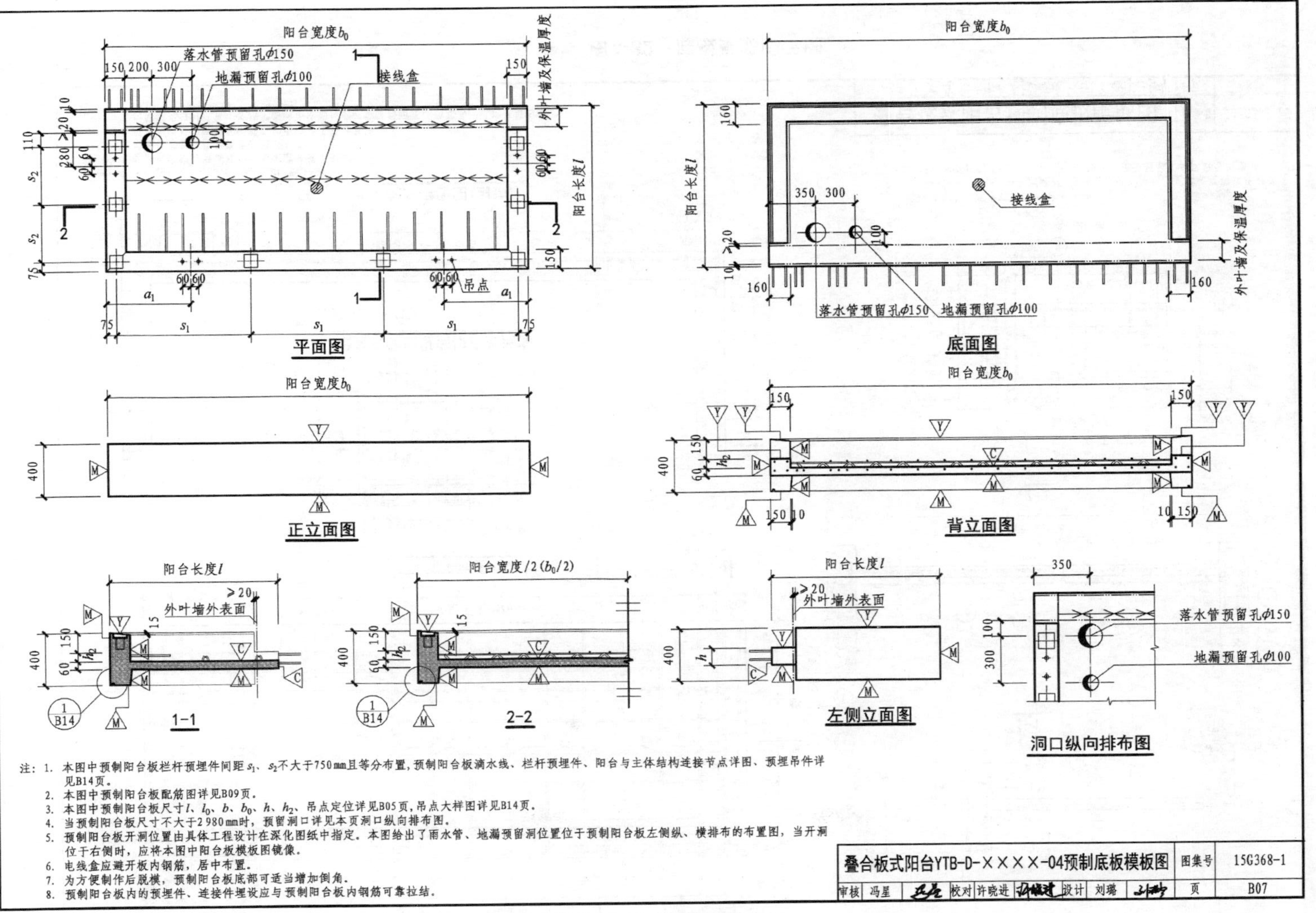

图4-31　底板模板图示例

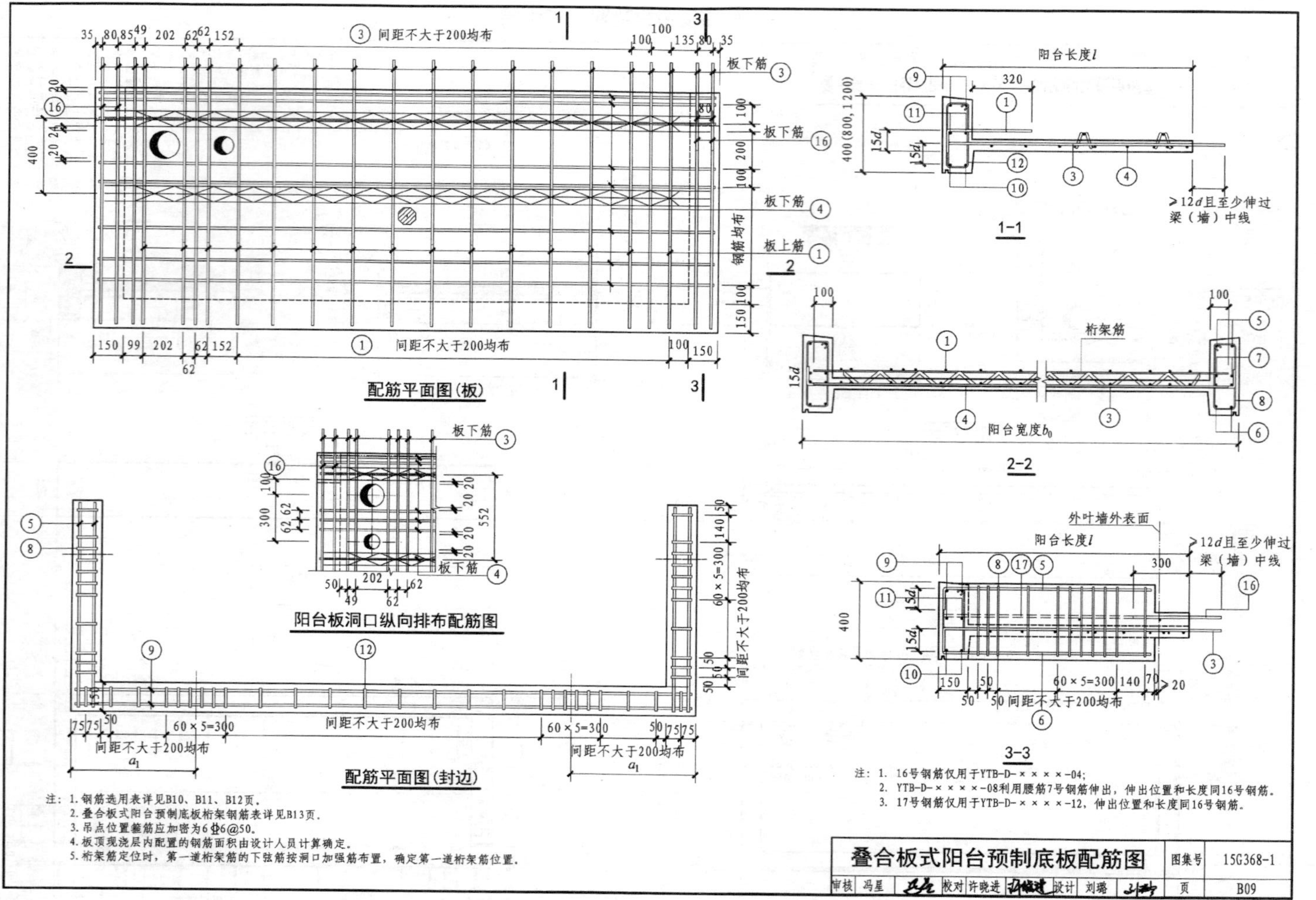

图 4-32　底板配筋图示例

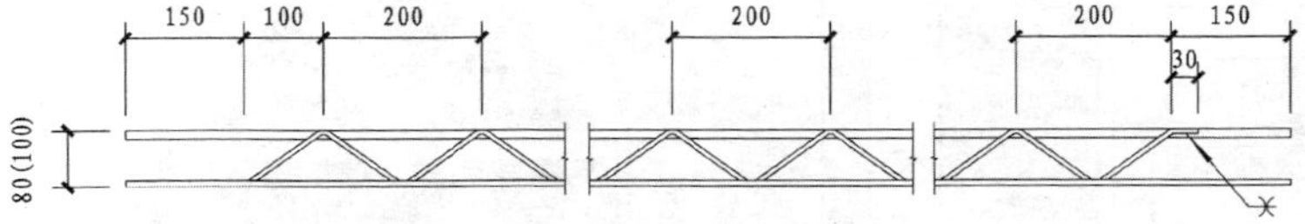

钢筋桁架纵剖面图

注：80 mm的桁架钢筋对应130 mm叠合板厚；100 mm的桁架钢筋对应150 mm叠合板厚。

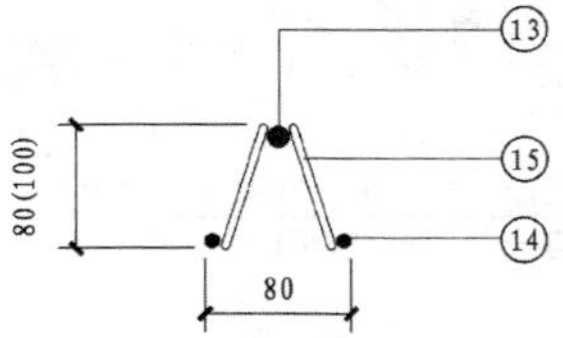

钢筋桁架横剖面图

叠合板式阳台预制底板桁架钢筋表

构件编号	上弦钢筋⑬				下弦钢筋⑭				腹杆钢筋⑮				钢筋总重量(kg)
	规格	长度(mm)	根数	重量(kg)	规格	长度(mm)	根数	重量(kg)	规格	长度(mm)	根数	重量(kg)	
YTB-D-1024-××	Φ10	2 280	2	2.81	Φ8	2 280	4	3.60	Φ6	2 454	4	2.18	8.59
YTB-D-1027-××	Φ10	2 580	2	3.18	Φ8	2 580	4	4.07	Φ6	2 832	4	2.51	9.77
YTB-D-1030-××	Φ10	2 880	2	3.55	Φ8	2 880	4	4.55	Φ6	3 210	4	2.85	10.95
YTB-D-1033-××	Φ10	3 180	2	3.92	Φ8	3 180	4	5.02	Φ6	3 588	4	3.19	12.13
YTB-D-1036-××	Φ10	3 480	2	4.29	Φ8	3 480	4	5.49	Φ6	3 966	4	3.52	13.30
YTB-D-1039-××	Φ12	3 780	2	6.71	Φ8	3 780	4	5.97	Φ6	4 344	4	3.86	16.53
YTB-D-1042-××	Φ12	4 080	2	7.24	Φ8	4 080	4	6.44	Φ6	4 722	4	4.19	17.88
YTB-D-1045-××	Φ12	4 380	2	7.78	Φ8	4 380	4	6.91	Φ6	5 100	4	4.53	19.22
YTB-D-1224-××	Φ10	2 280	2	2.81	Φ8	2 280	4	3.60	Φ6	2 454	4	2.18	8.59
YTB-D-1227-××	Φ10	2 580	2	3.18	Φ8	2 580	4	4.07	Φ6	2 832	4	2.51	9.77
YTB-D-1230-××	Φ10	2 880	2	3.55	Φ8	2 880	4	4.55	Φ6	3 210	4	2.85	10.95
YTB-D-1233-××	Φ10	3 180	2	3.92	Φ8	3 180	4	5.02	Φ6	3 588	4	3.19	12.13
YTB-D-1236-××	Φ10	3 480	2	4.29	Φ8	3 480	4	5.49	Φ6	3 966	4	3.52	13.30
YTB-D-1239-××	Φ12	3 780	2	6.71	Φ8	3 780	4	5.97	Φ6	4 344	4	3.86	16.53
YTB-D-1242-××	Φ12	4 080	2	7.24	Φ8	4 080	4	6.44	Φ6	4 722	4	4.19	17.88
YTB-D-1245-××	Φ12	4 380	2	7.78	Φ8	4 380	4	6.91	Φ6	5 100	4	4.53	19.22
YTB-D-1424-××	Φ10	2 280	2	2.81	Φ8	2 280	4	3.60	Φ6	2 682	4	2.38	8.79
YTB-D-1427-××	Φ10	2 580	2	3.18	Φ8	2 580	4	4.07	Φ6	3 096	4	2.75	10.00
YTB-D-1430-××	Φ10	2 880	2	3.55	Φ8	2 880	4	4.55	Φ6	3 510	4	3.12	11.21
YTB-D-1433-××	Φ10	3 180	2	3.92	Φ8	3 180	4	5.02	Φ6	3 924	4	3.48	12.42
YTB-D-1436-××	Φ10	3 480	2	4.29	Φ8	3 480	4	5.49	Φ6	4 338	4	3.85	13.63
YTB-D-1439-××	Φ12	3 780	2	6.71	Φ8	3 780	4	5.97	Φ6	4 752	4	4.22	16.90
YTB-D-1442-××	Φ12	4 080	2	7.24	Φ8	4 080	4	6.44	Φ6	5 166	4	4.59	18.27
YTB-D-1445-××	Φ12	4 380	2	7.78	Φ8	4 380	4	6.91	Φ6	5 580	4	4.95	19.64

叠合板式阳台预制底板桁架钢筋表						图集号	15G368-1
审核 冯星		校对 许晓进		设计 刘璐		页	B13

图4-33　底板钢筋图示例

剪力墙暗柱
剪力墙暗柱
叠合板式阳台
阳台计算长度l_0
阳台宽度b_0
阳台板与主体结构安装平面图
注：图中所示板边附加加强钢筋，一般用于采用夹心保温剪力墙外墙板情况。
内埋式吊杆
与封边内箍筋绑扎为一体
⌀6锚筋
预埋钢环
预留槽，吊环割除后，以水泥砂浆填实
内埋式吊杆
预埋吊环
阳台板吊装预埋件详图
桁架钢筋
现浇层
封边
预制底板
封边位置桁架钢筋详图
①滴水线
叠合板式阳台封边
阳台结构标高
主体结构标高
上部纵向受力钢筋（见注1）
与①号筋搭接300mm
外叶墙板
保温材料
内叶墙板
叠合板阳台现浇层
叠合板阳台预制层
1—1
(叠合板式阳台与主体结构连接节点详图)
阳台栏杆埋件详图
注：1. 叠合板式阳台现浇层内配置的钢筋面积由设计人员计算确定。（钢筋排布方式如本页平面图中所示）。
2. 预制阳台板长度方向封边尺寸=阳台长度l-10mm-保温层厚度-外叶墙板厚度-20mm，做法详见本页连接示意图。
3. 预制阳台封边与主体结构预留缝防水、密封处理详建筑做法。
4. 栏杆安装完毕后，预埋件处预留槽应以水泥砂浆抹平。
叠合板式阳台节点详图
图集号 15G368-1
审核 冯星 校对 闫立 设计 李志豪
页 B14

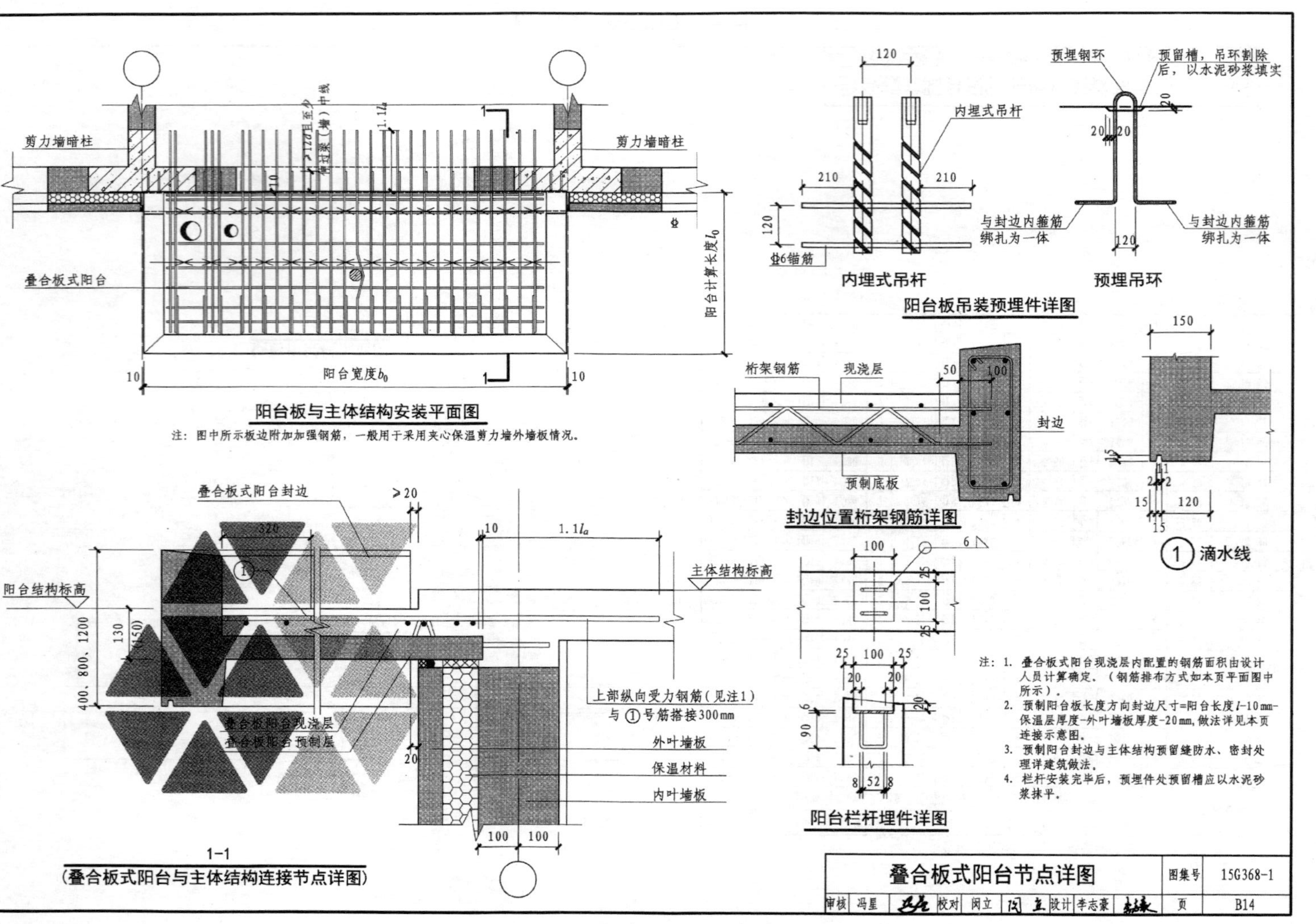

图4-34 节点详图示例

全预制板式阳台施工图主要分为底板模板图、底板配筋图、底板钢筋表和节点详图。全预制板式阳台施工图的识读与叠合板式阳台板的识读一致。

（八）预制楼梯施工图的识读

楼梯是楼层间的主要交通设施，也是建筑主要构件之一。钢筋混凝土楼梯是目前建筑物运用最为广泛的一种楼梯。钢筋混凝土楼梯按照施工方法的不同，可分为现浇式钢筋混凝土楼梯和预制装配式钢筋混凝土楼梯。钢筋混凝土楼梯通常由楼梯段（简称梯段）、平台、栏杆（板）和扶手组成，在建筑设计和施工中通常用楼梯详图的形式进行表达。

1. 预制楼梯的特点和分类

预制装配式钢筋混凝土楼梯是将楼梯的组成构件在工厂或工地现场预制，然后在施工现场拼装而成的一种楼梯。这种楼梯施工进度快，节省模板，现场湿作业少，施工不受季节限制，有利于提高施工质量。但预制装配式钢筋混凝土楼梯的整体性、抗震性能以及设计灵活性差，故应用受到一定限制。

预制装配式钢筋混凝土楼梯根据生产、运输、吊装和建筑体系的不同，有许多不同的构造形式。根据组成楼梯的构件尺寸及装配的程度，大致可分为小型构件装配式和中型、大型构件装配式两大类，如图 4-35 所示。

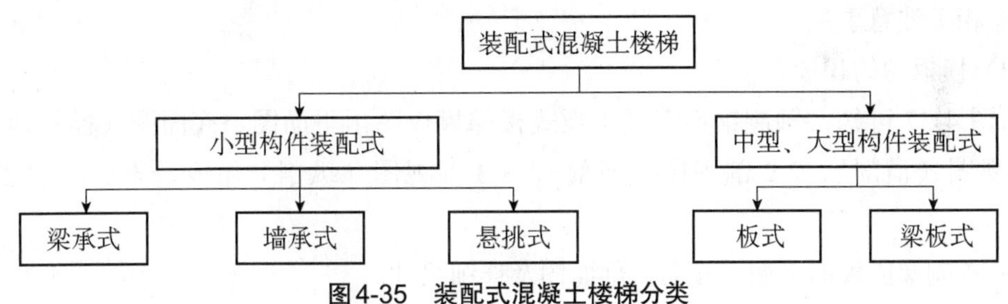

图4-35　装配式混凝土楼梯分类

（1）小型构件装配式钢筋混凝土楼梯

小型构件装配式钢筋混凝土楼梯一般将楼梯的踏步和支承结构分开预制。预制踏步的断面形式多为一字形、L 形和三角形。根据梯段的构造和预制踏步的支承方式不同，小型构件装配式楼梯可分为墙承式楼梯、梁承式楼梯和悬挑式楼梯。

墙承式楼梯：这种楼梯是把预制踏步搁置在两面墙上，而省去梯段上的斜梁的一种楼梯构造形式。

梁承式楼梯：这种楼梯是指梯段由平台梁支承的楼梯构造方式。

悬挑式楼梯：这种楼梯是指预制钢筋混凝土踏步板一端嵌固于楼梯间侧墙上，另一端临空悬挑的楼梯形式。

（2）中型、大型构件装配式楼梯

中型构件装配式钢筋混凝土楼梯：这种楼梯是将楼梯分成梯段板、平台板、平台梁三类构件预制拼装而成。梯段按结构形式不同，有板式梯段和梁板式梯段。

大型构件装配式钢筋混凝土楼梯：这种楼梯是将梯段板和平台板预制成一个构件，梯段板可以连接一面平台，也可以连接两面平台。按结构形式不同，大型构件装配式钢筋混凝土楼梯分为板式楼梯和梁板式楼梯两种。

2. 预制钢筋混凝土楼梯施工图的识读

预制钢筋混凝土楼梯施工图主要有安装图、模板图、配筋图和节点详图，预制钢筋混凝土楼梯的安装图、模板图和配筋图所表达的重点各不相同，但都是从平面布置图、剖面图和节点详图 3 个角度表达。本节选用标准设计图集 15G367—1 中的 ST 28-24 为识读范例。

（1）安装图的识读

由图 4-36 可知，预制钢筋混凝土板式楼梯安装图由平面布置图和 1-1 剖面图组成，表达的主要内容如下：

1）梯段板的平面位置、竖向位置和梯段编号。

2）楼梯间尺寸、标高，梯段板（包括踏步信息）尺寸及梯板厚度。

3）梯段板与梯梁连接节点索引。

4）相关注意事项。

（2）模板图的识读

由图 4-37 可知，预制钢筋混凝土板式楼梯模板图由平面图、底面图（梯板仰视）、1-1 剖视图（横剖）、2-2 剖视图（横剖）、3-3 剖视图（纵剖）组成，表达的主要内容如下：

1）预制梯段板的平面、立面、剖面图及详细尺寸。

2）预埋件定位及索引号。

3）预留孔洞尺寸和定位。

4）相关注意事项。

（3）配筋图的识读

由图 4-38 可知，预制钢筋混凝土板式楼梯配筋图包括平面图、底面图（梯板仰视）、1-1 剖视图（横剖）、2-2 剖视图（横剖）、3-3 剖视图（横剖）和钢筋表，表达的主要内容如下：

1）预制梯段板钢筋（包含加强筋）的编号、名称、规格、数量、形状、尺寸、重量等信息。

2）预制梯段板钢筋（包含加强筋）的排布信息。

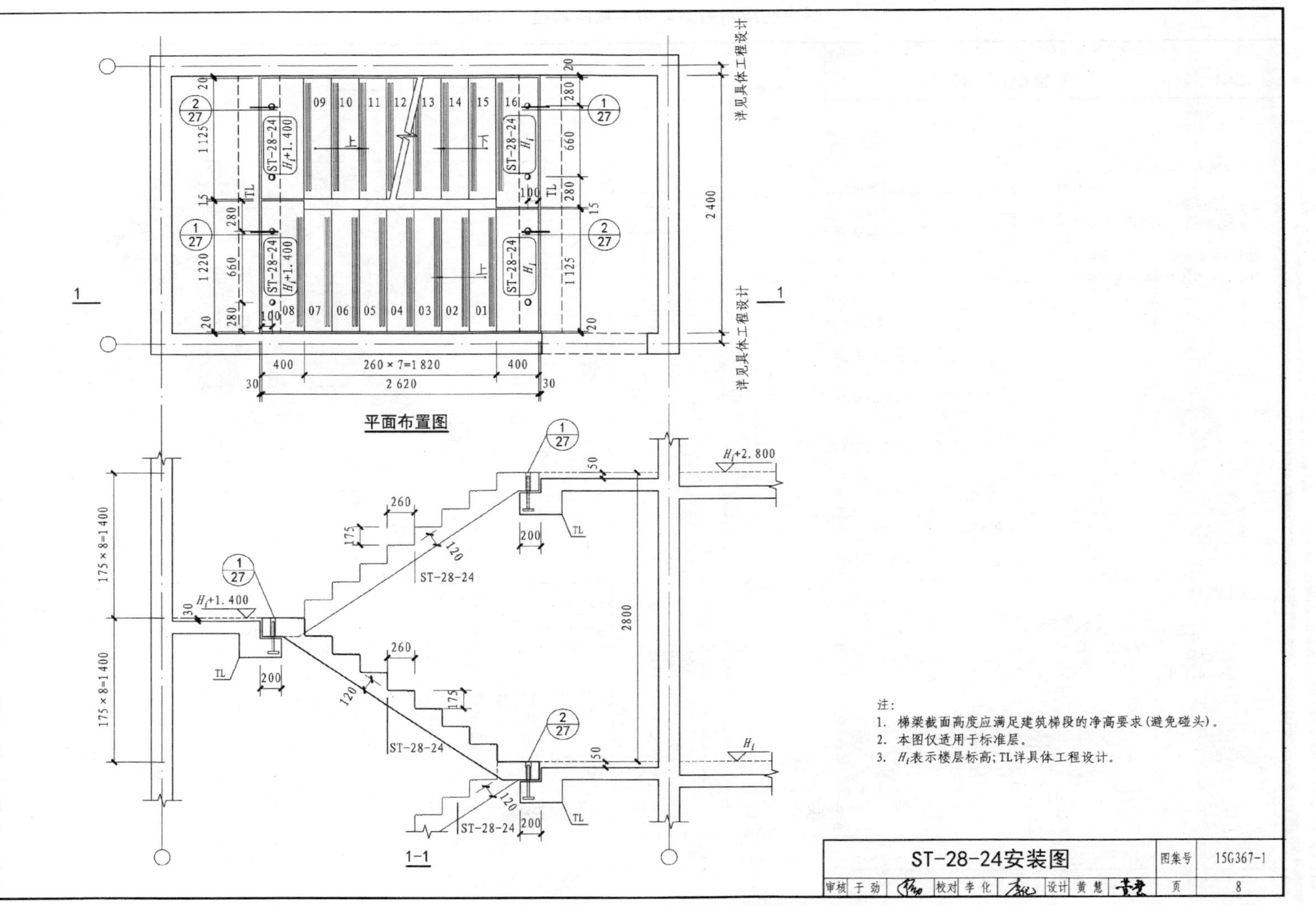

图4-36　预制混凝土板式楼梯安装图示例

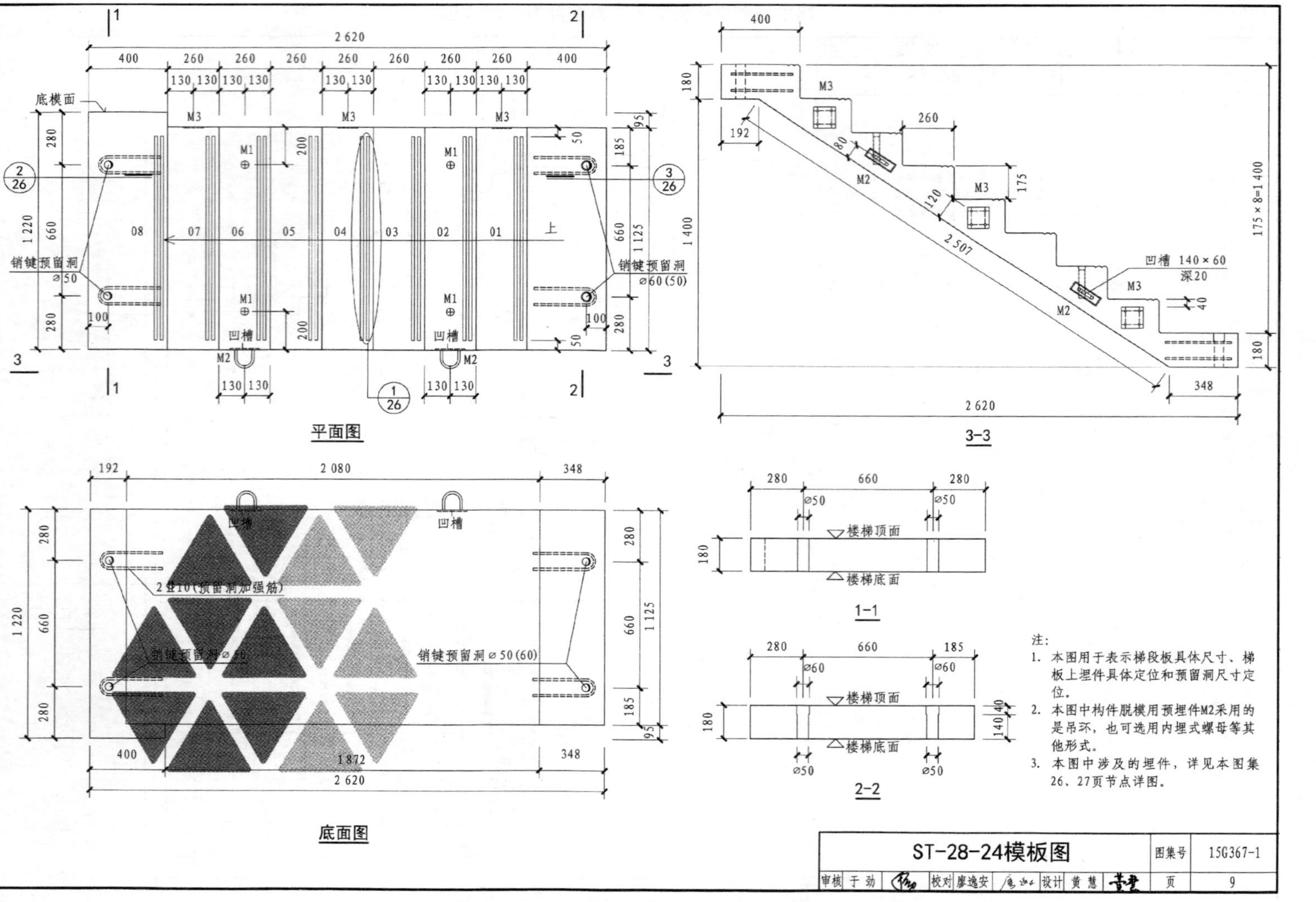

图 4-37 预制混凝土板式楼梯模板图示例

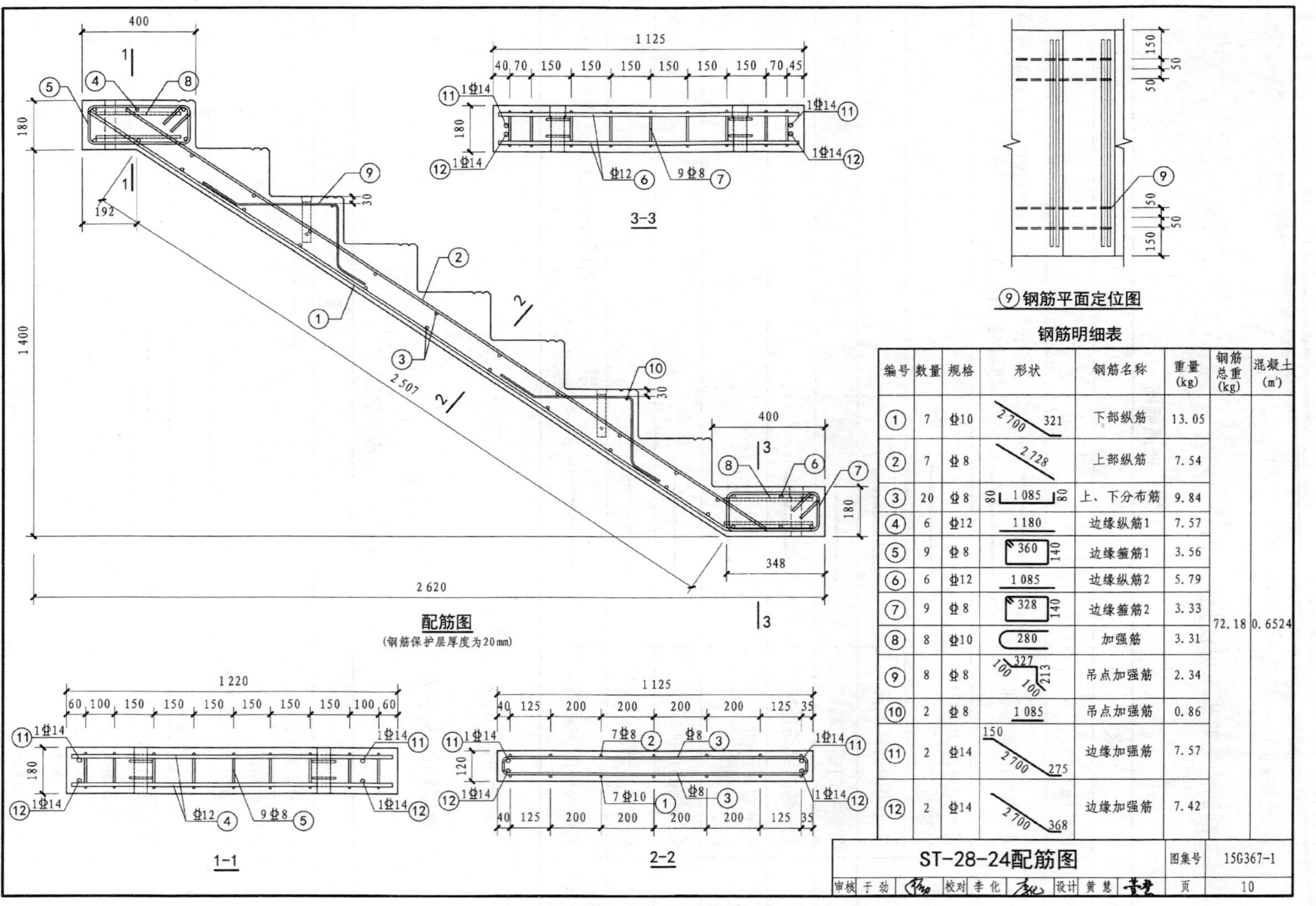

钢筋明细表

编号	数量	规格	形状	钢筋名称	重量(kg)	钢筋总重(kg)	混凝土(m³)
①	7	Φ10	2 700　321	下部纵筋	13.05	72.18	0.6524
②	7	Φ8	2 728	上部纵筋	7.54		
③	20	Φ8	80　1 085　80	上、下分布筋	9.84		
④	6	Φ12	1 180	边缘纵筋1	7.57		
⑤	9	Φ8	360　140	边缘箍筋1	3.56		
⑥	6	Φ12	1 085	边缘纵筋2	5.79		
⑦	9	Φ8	328　140	边缘箍筋2	3.33		
⑧	8	Φ10	280	加强筋	3.31		
⑨	8	Φ8	100　327　213　100	吊点加强筋	2.34		
⑩	2	Φ8	1 085	吊点加强筋	0.86		
⑪	2	Φ14	150　2 700　275	边缘加强筋	7.57		
⑫	2	Φ14	2 700　368	边缘加强筋	7.42		

图4-38　预制混凝土板式楼梯配筋图示例

（九）钢筋加工配料图中钢筋的表示方法

1. 普通钢筋的一般表示方法

普通钢筋的一般表示方法见表4-21。

表4-21　普通钢筋

序号	名称	图例	说明
1	钢筋横断面	•	—
2	无弯钩的钢筋端部		表示长、短钢筋投影重叠时，短钢筋的端部用45°斜划线表示
3	带半圆形弯钩的钢筋端部		—
4	带直钩的钢筋端部		—
5	带丝扣的钢筋端部		—
6	无弯钩的钢筋搭接		—
7	带半圆弯钩的钢筋搭接		—
8	带直钩的钢筋搭接		—
9	花篮螺丝钢筋接头		—
10	机械连接的钢筋接头		用文字说明机械连接的方式（或冷挤压或锥螺纹等）

2. 预应力钢筋的表示方法

预应力钢筋的表示方法见表4-22。

表4-22　预应力钢筋

序号	名称	图例
1	预应力钢筋或钢绞线	——··——··——
2	后张法预应力钢筋断面 无黏结预应力钢筋断面	⊕
3	预应力钢筋断面	+
4	张拉断锚具	
5	固定端锚具	
6	锚具的端视图	
7	可动连接件	
8	固定连接件	

3. 钢筋网片的表示方法

钢筋网片的表示方法见表4-23。

表4-23　钢筋网片

序号	名称	图例
1	一片钢筋网平面图	W-1
2	一行相同的钢筋网平面图	3W-1

注：用文字注明焊接网或绑扎网片。

4. 钢筋焊接接头的表示方法

钢筋焊接接头的表示方法见表4-24。

表4-24　钢筋的焊接接头

序号	名称	接头型式	标注方法
1	单面焊接的钢筋接头		
2	双面焊接的钢筋接头		
3	用帮条单面焊接的钢筋接头		
4	用帮条双面焊接的钢筋接头		
5	接触对焊的钢筋接头（闪光焊、压力焊）		
6	坡口平焊的钢筋接头	60° b	60° b
7	坡口立焊的钢筋接头	b 45°	45° b
8	用角钢或扁钢做连接板焊接的钢筋接头		
9	钢筋或螺（锚）栓与钢板穿孔塞焊的接头		

5. 钢筋的画法

钢筋的画法见表4-25。

表4-25 钢筋画法

序号	图例	说明
1	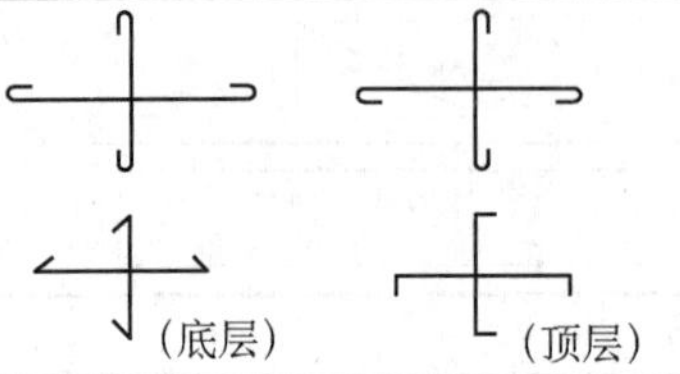 （底层） （顶层）	在结构楼板中配置双层钢筋时，底层钢筋的弯钩应向上或向左，顶层钢筋的弯钩则向下或向右
2	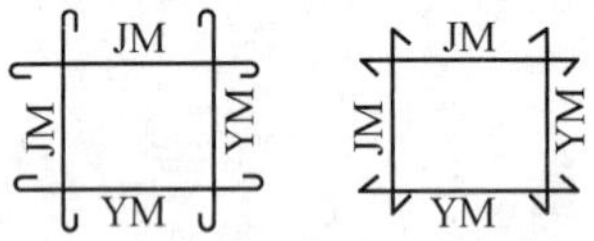 JM JM YM YM JM JM YM YM	钢筋在混凝土墙体配双层钢筋时，在配筋立面图中，远面钢筋的弯钩应向上或向左，而近面钢筋的弯钩向下或向右（JM近面，YM远面）
3	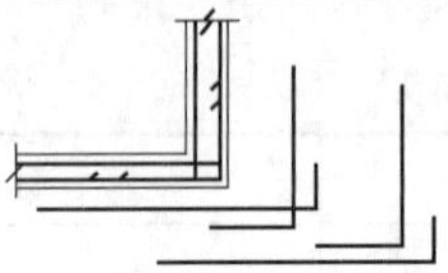	若在断面图中不能表达清楚的钢筋布置，应在断面图外增加钢筋大样图（如钢筋混凝土墙、楼梯等）
4	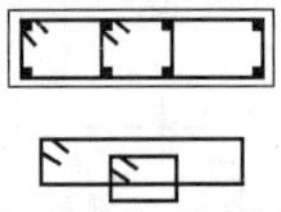	图中所表示的箍筋、环筋等若布置复杂时，可加画钢筋大样及说明
5	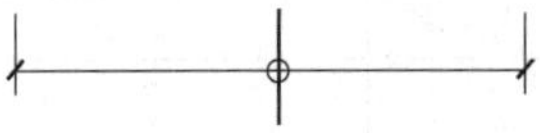	每组相同的钢筋、箍筋或环筋，可用一根粗实线表示，同时用一两端带斜短划线的横穿细线，表示其余钢筋及起止范围

第二节 灌浆连接

装配式混凝土建筑是将主要构件在工厂预制成型，到施工现场进行组装，再通过少量现浇作业将所有预制构件连成一体而建成的工业化建筑。

预制构件连接是装配式混凝土结构安全的关键之一，可靠的连接方法才能使预制构件连接成为整体，满足结构安全的要求，还要便于安装和使用。为了减少现场混凝土湿作业量，预制构件的连接节点一般采用预埋在构件内的形式。

一、装配式混凝土结构连接方式概述

多层结构装配式混凝土建筑中，预制构件可以采用的钢筋连接方法较多，如套筒灌浆连接法、浆锚搭接连接法、螺栓连接法等。大型、高层混凝土结构以及有抗震设防要求的高层建筑采用干式连接不能得到足够的刚性结构，而预埋在构件体内的节点无法直接连接，因此采用灌浆连接，包括套筒灌浆连接和浆锚搭接连接等方法，成为装配式混凝土该类型结构中受力钢筋的主要连接方法。

1. 节点连接的方式

装配式混凝土建筑节点的主要连接方式有灌浆连接方式、后浇混凝土连接方式、螺栓连接方式和构件焊接连接方式等，各种连接方式的适用范围见表4-26。本节主要介绍灌浆连接方式。

表4-26　装配式混凝土结构节点连接方式及适用范围

<table>
<tr><th colspan="2">类别</th><th>连接方式</th><th>可连接的构件</th><th>适用范围</th></tr>
<tr><td rowspan="17">湿连接</td><td rowspan="3">灌浆连接</td><td>套筒灌浆</td><td>柱、墙</td><td>适用于各种结构体系的高层建筑</td></tr>
<tr><td>内模成孔浆锚搭接</td><td>柱、墙</td><td rowspan="2">房屋高度小于三层或12m的框架结构，二级和三级抗震的剪力墙结构（非加强区）</td></tr>
<tr><td>金属波纹管浆锚搭接</td><td>柱、墙</td></tr>
<tr><td rowspan="7">后浇混凝土钢筋连接</td><td>机械（螺纹、挤压）套筒钢筋连接</td><td>梁、楼板</td><td>适用于各种结构体系的高层建筑</td></tr>
<tr><td>注胶套筒钢筋连接</td><td>梁、楼板</td><td>适用于各种结构体系的高层建筑</td></tr>
<tr><td>灌浆套筒钢筋连接</td><td>梁</td><td>适用于各种结构体系的高层建筑</td></tr>
<tr><td>环形钢筋绑扎连接</td><td>墙板水平连接</td><td>适用于各种结构体系的高层建筑</td></tr>
<tr><td>直钢筋绑扎搭接</td><td>梁、楼板、阳台板、挑檐板、楼梯板固定端</td><td>适用于各种结构体系的高层建筑</td></tr>
<tr><td>直钢筋无绑扎搭接</td><td>双面叠合板剪力墙、圆孔剪力墙</td><td>适用于剪力墙体结构体系的高层建筑</td></tr>
<tr><td>钢筋焊接</td><td>梁、楼板、阳台板、挑檐板、楼梯板固定端</td><td>适用于各种结构体系的高层建筑</td></tr>
<tr><td rowspan="3">后浇混凝土其他连接</td><td>套环连接</td><td>墙板水平连接</td><td>适用于各种结构体系的高层建筑</td></tr>
<tr><td>绳索套环连接</td><td>墙板水平连接</td><td>适用于多层框架结构和低层板式结构</td></tr>
<tr><td>型钢</td><td>柱</td><td>适用于框架结构体系的高层建筑</td></tr>
<tr><td rowspan="2">叠合构件后浇混凝土连接</td><td>钢筋折弯锚固</td><td>叠合梁、叠合板、叠合阳台等</td><td>适用于各种结构体系的高层建筑</td></tr>
<tr><td>钢筋锚板锚固</td><td>叠合梁</td><td>适用于各种结构体系的高层建筑</td></tr>
<tr><td rowspan="2">预制混凝土与后浇混凝土连接</td><td>粗糙面</td><td>各种接触后浇筑混凝土的预制构件</td><td>适用于各种结构体系的高层建筑</td></tr>
<tr><td>键槽</td><td>柱、梁等</td><td>适用于各种结构体系的高层建筑</td></tr>
<tr><td colspan="2" rowspan="2">干连接</td><td>螺栓连接</td><td>楼梯、墙板、梁、柱</td><td>楼梯适用于各种结构体系的高层建筑。主体结构构件适用于框架结构或组装墙板结构的低层建筑</td></tr>
<tr><td>构件焊接</td><td>楼梯、墙板、梁、柱</td><td>楼梯适用于各种结构体系的高层建筑。主体结构构件适用于框架结构或组装墙板结构的低层建筑</td></tr>
</table>

2. 灌浆连接作业的方式

灌浆连接作业的方式主要有压力式和重力式两种。

（1）压力式

压力式灌浆是指依靠电动灌浆机或手动灌浆机的压力而进行的灌浆连接。利用电动灌浆泵灌浆进行框架柱连接如图4-39所示。

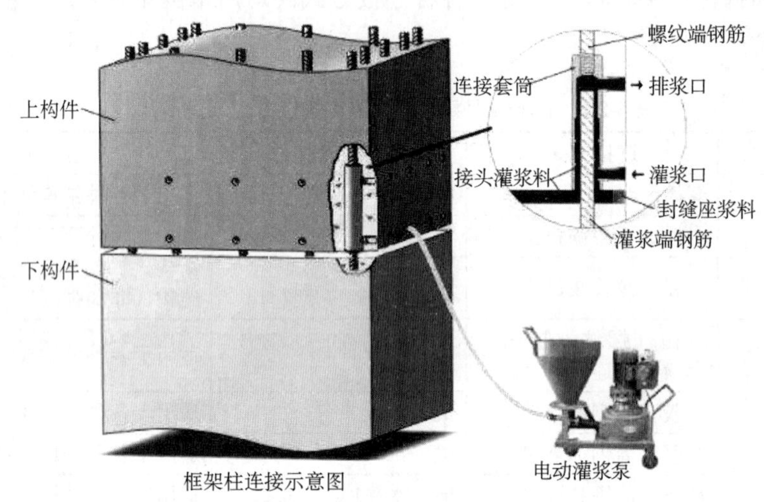

图4-39　利用电动灌浆泵灌浆进行框架柱连接

（2）重力式

重力式灌浆主要依靠灌浆料的重力从上往下灌浆，例如波纹管灌浆。波纹管（钢筋套筒）灌浆连接是装配式混凝土构件连接的主要方式，采用的主要材料是灌浆套筒（波纹管）和灌浆料，通过灌浆料填充于波纹管（钢筋套筒）和带肋钢筋间隙内黏结成整体传递荷载。

还有一种波纹管（套筒）灌浆的特殊形式——倒插法灌浆，是指先把下面预制构件（通常为预制剪力墙板，下同）的波纹管（套筒）灌满浆料，再把上面预制构件伸出的连接钢筋插入波纹管（套筒）内。倒插法灌浆方式预制构件侧面不需要预留灌浆孔和出浆孔，所以，当采用套筒灌浆方式时，可使用不带侧孔的钢管套筒。

二、套筒灌浆连接

套筒灌浆连接技术原理：一种金属灌浆连接套筒，套筒两端侧壁分别设有灌浆孔和出浆孔，将两根钢筋插入该套筒内，通过灌浆孔注入高强灌浆料，灌浆料从出浆孔流出，套筒内部的灌浆料充满套筒内壁与钢筋的间隙，灌浆料凝固后完成两根钢筋的连接。

套筒灌浆连接主要应用在预制构件的受力钢筋连接，可以连接各种带肋钢筋，适用范围广；接头性能达到机械接头的最高级，同截面应用接头面积百分率可达100%，密集钢筋连接比其他机械连接更方便；能减少现场混凝土湿作业，减少现场人工，实现绿色施工。但套筒尺寸大，连接成本较高，在结构施工中辅助工序多，质量要求高。

进行套筒钢筋连接操作和安装的工人须培训合格方可上岗。

1. 套筒灌浆接头

套筒灌浆接头常见的有全灌浆和半灌浆两种。两端全部采用灌浆连接的为全灌浆接头；一端采用灌浆连接，另一端采用机械连接的为半灌浆接头，其机械连接端可以采用镦粗直螺纹、滚轧直螺纹或挤压连接等方式。

（1）全灌浆套筒连接

全灌浆套筒接头两端均采用灌浆方式连接钢筋，如图4-40所示。

全灌浆套筒连接原理是将需要连接的带肋钢筋插入金属套筒内“对接”，在套筒内灌入高强早强且有微膨胀特性的灌浆料拌合物，灌浆料拌合物凝固后在套筒内壁与钢筋之间形成较大的压力，在钢筋带肋的粗糙表面产生较大的摩擦力，由此得以传递钢筋的轴向力。

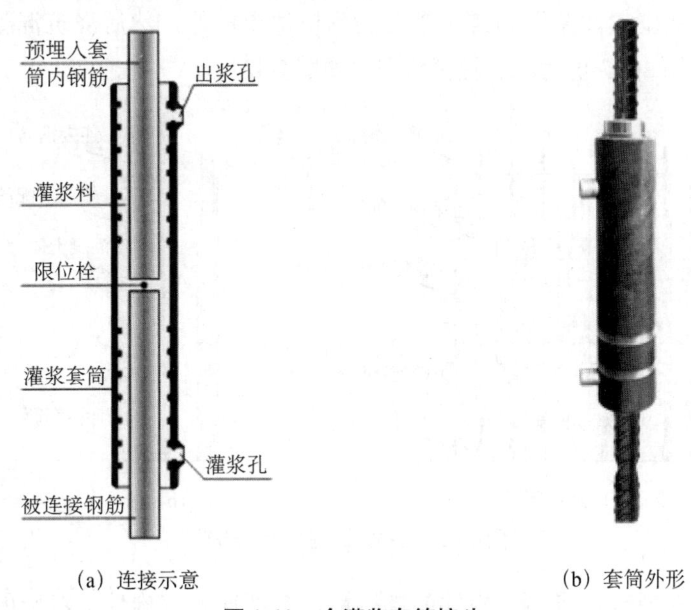

（a）连接示意　　（b）套筒外形

图4-40　全灌浆套筒接头

（2）半灌浆套筒连接

半灌浆套筒接头一端采用灌浆方式连接；另一端采用机械方式（通常是螺纹方式）连接，如图4-41所示，目前在国内应用较多的是竖向预制构件连接。

半灌浆套筒连接方式的原理也是钢筋采取对接的方式，将需要连接的带肋钢筋端头镦粗后加工直螺纹或在钢筋端头直接滚轧直螺纹与套筒内孔的直螺纹咬合连接；另一端头钢筋直接插入套筒内，在套筒内灌入高强早强且有微膨胀特性的灌浆料拌合物，灌浆料拌合物凝固后在套筒内壁与钢筋之间形成较大的压力，从而在钢筋带肋的粗糙表面产生较大的摩擦力，由此得以传递钢筋的轴向力。

2. 竖向构件套筒灌浆连接

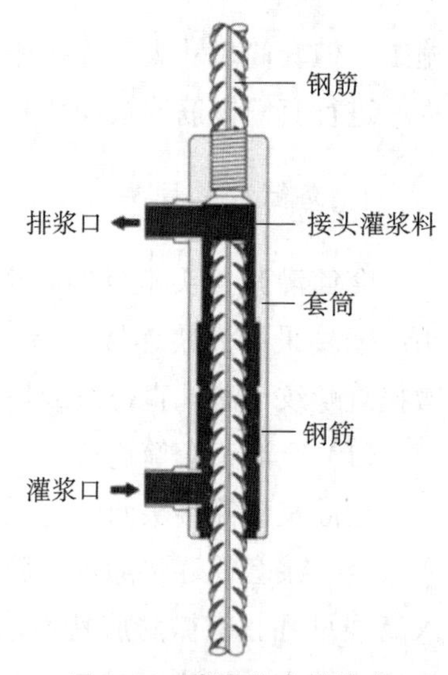

图4-41　半灌浆套筒接头

（1）竖向构件套筒灌浆连接原理

带肋钢筋插入套筒，向套筒内灌注无收缩或微膨胀的水泥基灌浆料，充满套筒与钢筋之间的间隙，灌浆料硬化后与钢筋的横肋和套筒内壁凹槽或凸肋紧密啮合，钢筋连接后所受外力能够有效传递。

（2）竖向构件套筒灌浆连接工艺

套筒灌浆连接分两个阶段进行，第一阶段在预制构件加工厂，第二阶段在结构安装现场。

预制剪力墙、柱在工厂预制加工阶段，将一端钢筋与套筒进行连接或预安装，再与构件的钢筋结构中其他钢筋连接固定，套筒侧壁接灌浆管和排浆管并引到构件模板外，然后浇筑混凝土，将连接钢筋、套筒预埋在构件内。剪力墙、柱接头布筋如图4-42所示。

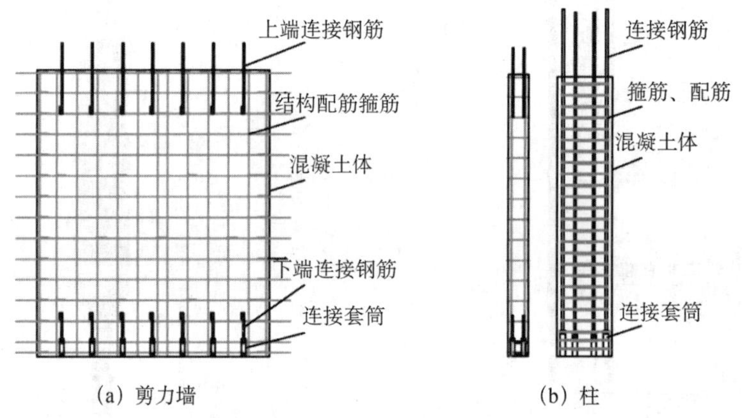

图4-42　剪力墙、柱接头布筋

构件在现场安装时，将另一构件的连接钢筋全部插入该构件上对应的灌浆连接套筒内，从构件下部各个套筒的灌浆孔向各个套筒内灌注高强灌浆料，至灌浆料充满套筒与连接钢筋的间隙从所有套筒上部出浆孔流出，灌浆料凝固后，即形成钢筋套筒灌浆接头，从而完成两个构件之间的钢筋连接。

3. 水平构件套筒灌浆连接

套筒灌浆连接水平钢筋时，事先将灌浆套筒安装在一端钢筋上，两端连接钢筋就位后，将套筒从一端钢筋移动到两根钢筋中部，两端钢筋均插入套筒达到规定的深度，再从套筒侧壁通过灌浆孔注入灌浆料，至灌浆料从出浆孔流出，灌浆料充满套筒内壁与钢筋的间隙，灌浆料凝固后即将两根水平钢筋连接在一起。预制梁在工厂预制加工阶段只预埋连接钢筋。在结构安装阶段，连接预制梁时，套筒套在两构件的连接钢筋上，向每个套筒内灌灌浆料并静置到浆料硬化，梁的钢筋连接即结束。

三、浆锚搭接连接

浆锚搭接连接是指在预制混凝土构件中采用特殊工艺制成的孔道中插入需搭接的钢筋，再灌注水泥基灌浆料。浆锚搭接连接分为金属波纹管浆锚搭接连接和螺旋箍筋约束浆锚搭接连接两种方式，如图4-43所示。

(a) 金属波纹管浆锚搭接连接

(b) 螺旋箍筋约束浆锚搭接连接

图4-43　浆锚搭接连接方式

1. 金属波纹管浆锚搭接连接

金属波纹管浆锚搭接连接是钢筋采取搭接的方式，在预制构件下端预埋大口径金属波纹管（图4-44），金属波纹管贴紧预埋连接钢筋并延伸到预制构件下端面形成一个波纹管孔洞，波纹管另一端向上从预制构件侧壁引出，预制构件浇筑成型后每根连接钢筋旁都有一根波纹管形成的预留孔（图4-45）。预制构件在现场安装时，将另一构件的连接钢筋全部插入该预制构件上对应的波纹管内，然后从波纹管上方灌浆孔灌入高强灌浆料拌合物，灌浆料拌合物充满波纹管与连接钢筋的间隙并凝固后形成一个钢筋搭接锚固接头，从而实现两个构件之间的钢筋连接。

图4-44　金属波纹管

图4-45　金属波纹管浆锚搭接连接

2. 螺旋箍筋约束浆锚搭接连接

螺旋箍筋约束浆锚搭接连接技术原理：在竖向预制构件下端的预埋连接钢筋外，设置环状约束箍筋，靠近连接钢筋处设置安装另一构件连接钢筋的预留孔成型模具，环状约束箍筋将预埋连接钢筋及预留孔模具围在其环圈内，在预留孔上下两端设有与构件侧外表面相连通的灌浆孔和出浆孔成型模具，预制构件浇筑成型时抽出预留孔、灌浆孔和出浆孔成型模具，最终在预制构件成品上形成了各个连接钢筋的预留孔、灌浆孔和出浆孔。构件在现场安装时，将另一构件的连接钢筋全部插入该构件上对应的钢筋预留孔后，从构件下部各个灌浆孔向各个预留孔内灌注高强灌浆料，灌浆料从所有连接钢筋预留孔上部的出浆孔流出，灌浆料即充满预留孔与连接钢筋的间隙，灌浆料凝固后，即形成外部具有约束箍筋的钢筋搭接锚固接头，从而完成两个构件之间的钢筋连接。

螺旋箍筋约束浆锚搭接连接如图4-46所示。

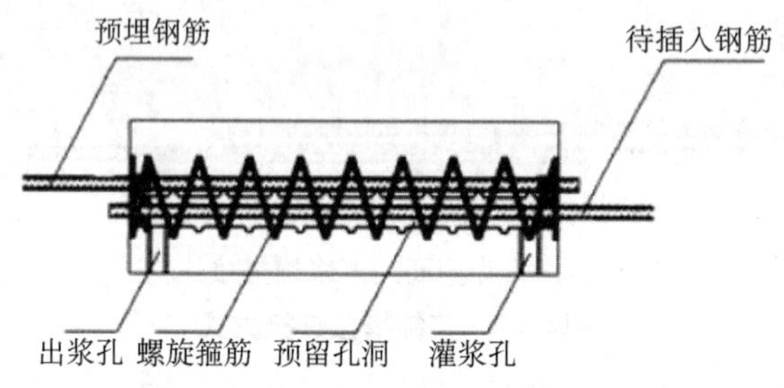

图4-46　螺旋箍筋约束浆锚搭接连接

通过两种成型方式对比，采用约束钢筋金属内膜旋出时容易造成孔壁损坏，也比较费工，因此金属波纹管方式更加简单可靠。

第三节　连接材料

装配式混凝土结构中，套筒灌浆连接的主体由钢筋、连接套筒、灌浆料组成。

一、套筒灌浆连接钢筋

根据国家现行有关标准和技术规程的规定，适用于灌浆连接的钢筋为直径12～40mm的热轧带肋钢筋或余热处理钢筋。

同时，钢筋的性能应符合国家现行相关标准的规定。钢筋的机械性能参数见表4-27。

表 4-27　钢筋的机械性能参数

牌号	下屈服强度（R_{el}）/MPa	抗拉强度（R_m）/MPa	断后伸长率（A）/%	最大力总延伸率（A_{gt}）/%	R^0_m/R^0_{el}	R^0_{el}/R_{el}
	不小于					不大于
HRB400 HRBF400	400	540	16	7.5	—	—
HRB400E HRBF400E			—	9.0	1.25	1.30
HRB500 HRBF500	500	630	15	7.5	—	—
HRB500E HRBF500E			—	9.0	1.25	1.30
HRB600	600	730	14	7.5	—	—

注：R^0_m为钢筋实测抗拉强度；R^0_{el}为钢筋实测下屈服强度。

二、钢筋连接用灌浆套筒

钢筋连接用灌浆套筒是采用铸造工艺或机械加工工艺制造的金属套筒。

1. 灌浆套筒分类

灌浆套筒分类见表4-28。

表4-28　灌浆套筒分类

按结构形式	全灌浆套筒	整体式全灌浆套筒，如图4-47（a）所示
		分体式全灌浆套筒，如图4-47（b）所示
	半灌浆套筒	整体式半灌浆套筒，如图4-47（c）所示
		分体式半灌浆套筒，如图4-47（d）所示
按加工方式	铸造成型	—
	机械加工成型	切削加工
		压力加工，如滚压型全灌浆套筒，如图4-47（e）所示

2. 灌浆套筒构造

《钢筋连接用灌浆套筒》（JG/T 398—2019）给出了灌浆套筒的构造图，主要包括筒壁、剪力槽、灌浆口、出浆口和钢筋限位挡片，如图4-47所示。

（1）灌浆套筒型号

灌浆套筒型号由名称代号、分类代号、钢筋强度级别主参数代号、加工方式分类代号、钢筋直径主参数代号、特征代号和更新及变型代号组成，如图4-48所示。灌浆套筒主参数应为被连接钢筋的强度级别和公称直径。

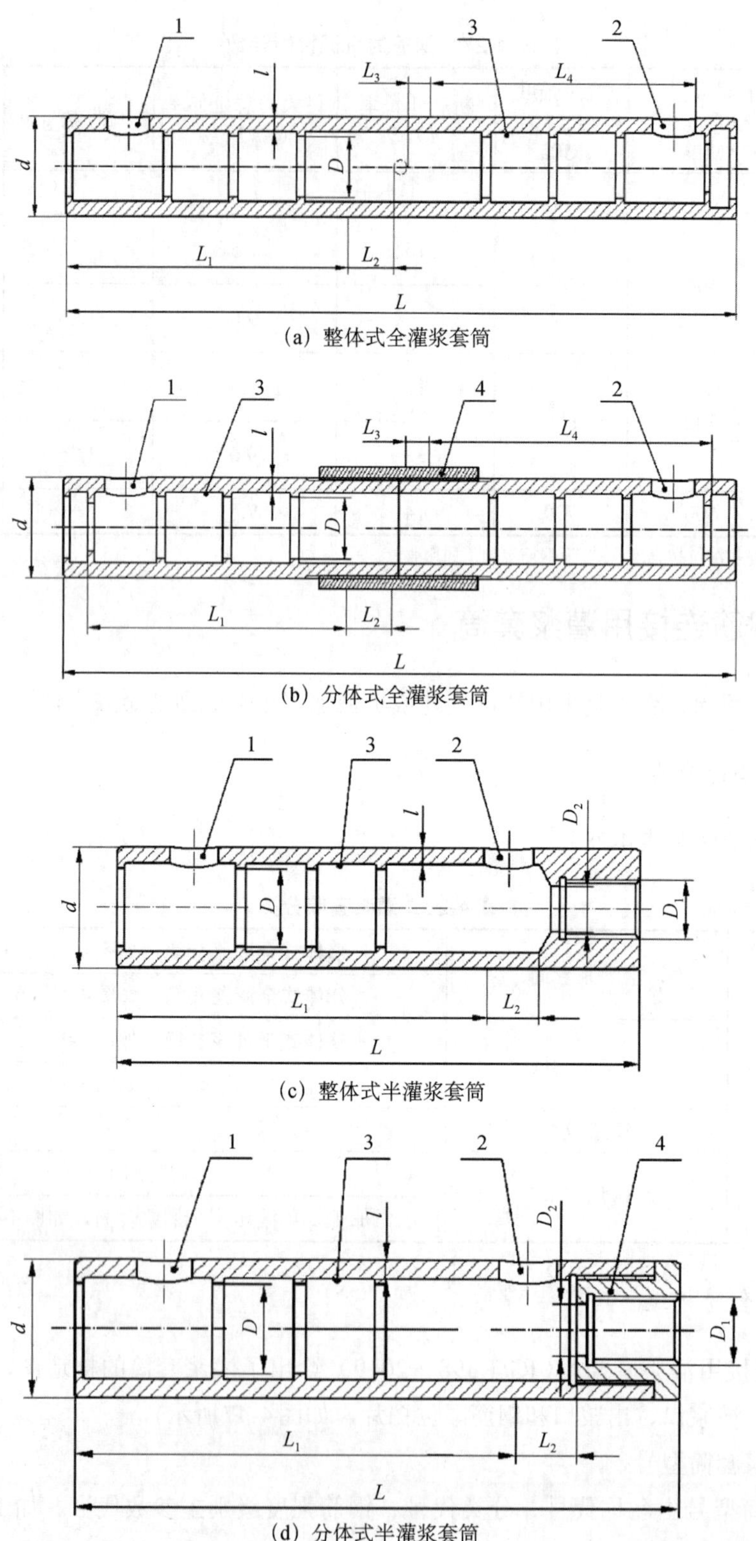

（a）整体式全灌浆套筒

（b）分体式全灌浆套筒

（c）整体式半灌浆套筒

（d）分体式半灌浆套筒

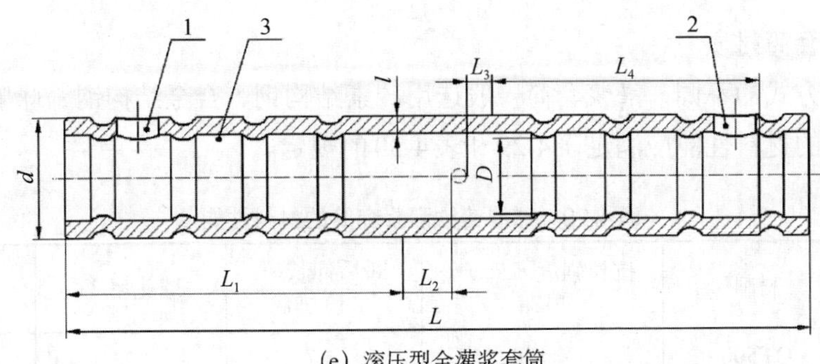

（e）滚压型全灌浆套筒

说明：

1—灌浆孔；2—排浆孔；3—剪力槽；4—连接套筒；L—灌浆套筒总长；L_1—注浆端锚固长度；

L_2—装配端预留钢筋安装调整长度；L_3—预制端预留钢筋安装调整长度；L_4—排浆端锚固长度；

l—灌浆套筒名义壁厚；d—灌浆套筒外径；D—灌浆套筒最小内径；D_1—灌浆套筒机械连接端螺纹的公称直径；

D_2—灌浆套筒螺纹端与灌浆端连接处的通孔直径。

注1：D不包括灌浆孔、排浆孔外侧因导向、定位等比锚固段环形突起内径偏小的尺寸。

注2：D可为非等截面。

注3：图（a）和图（e）中间虚线部分为竖向全灌浆套筒设计的中部限位挡片或挡杆。

注4：当灌浆套筒为竖向连接套筒时，套筒注浆端锚固长度L_1为从套筒端面至挡销圆柱面深度减去调整长度20mm；当灌浆套筒为水平连接套筒时，套筒注浆端锚固长度L_1为从密封圈内侧端面位置至挡销圆柱面深度减去调整长度20mm。

图4-47　灌浆套筒的构造

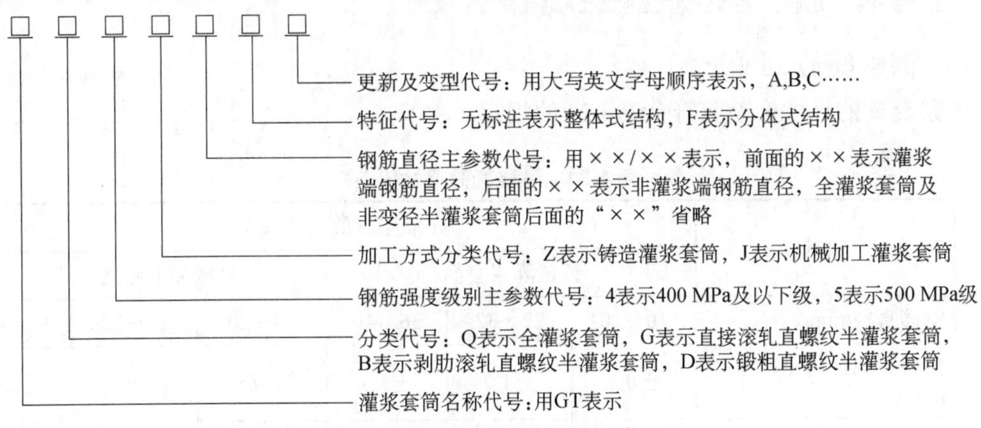

图4-48　灌浆套筒型号组成

示例1：连接标准屈服强度为400MPa，直径40mm钢筋，采用铸造加工的整体式全灌浆套筒表示为：GTQ4Z—40。

示例2：连接标准屈服强度为500MPa钢筋，灌浆端连接直径36mm钢筋，非灌浆端连接直径32mm钢筋，采用机械加工方式加工的剥肋滚轧直螺纹半灌浆套筒的第一次变型表示为：GTB5J—36/32A。

示例3：连接标准屈服强度为500MPa，直径32mm钢筋，采用机械加工的分体式全灌浆套筒表示为：GTQ5J—32F。

（2）灌浆套筒材质

根据加工方式的不同，灌浆套筒一般选用碳素结构钢、合金结构钢、球墨铸铁。灌浆套筒的材料性能应满足表4-29和表4-30的规定。

表4-29 球墨铸铁灌浆套筒的材料性能

项目	材料	抗拉强度（R_m）/MPa	断后伸长率（A）/%	球化率/%	硬度/HBW
性能指标	QT500	≥500	≥7	≥85	170～230
	QT550	≥550	≥5		180～250
	QT600	≥600	≥3		190～270

表4-30 机加工灌浆套筒常用钢材材料性能

项目	性能指标					
材料	45#圆钢	45#圆管	Q390	Q345	Q235	40Cr
屈服强度（R_{eL}）/MPa	≥355	≥335	≥390	≥345	≥235	≥785
抗拉强度（R_m）/MPa	≥600	≥590	≥490	≥470	≥375	≥980
断后伸长率（A）/%	≥16	≥14	≥18	≥20	≥25	≥9

注：当屈服现象不明显时，用规定塑性延伸强度$R_{p0.2}$代替。

（3）灌浆套筒尺寸偏差

灌浆套筒的尺寸偏差应符合表4-31的规定。

表4-31 灌浆套筒尺寸偏差

序号	项目	灌浆套筒尺寸偏差					
		铸造灌浆套筒			机械加工灌浆套筒		
1	钢筋直径/mm	10～20	22～32	36～40	10～20	22～32	36～40
2	内径和外径的允许偏差/mm	±0.8	±1.0	±1.5	±0.5	±0.6	±0.8
3	壁厚允许偏差/mm	±0.8	±1.0	±1.2	±12.5%l或±0.4较大者取其中较大者		
4	长度允许偏差/mm	±2.0			±1.0		
5	最小内径允许偏差/mm	±1.5			±1.0		
6	剪力槽两侧凸台顶部轴向宽度允许偏差/mm	±1.0			±1.0		
7	剪力槽两侧凸台径向高度允许偏差/mm	±1.0			±1.0		
8	直螺纹精度	《普通螺纹公差》（GB/T 197—2018）中6H级			《普通螺纹公差》（GB/T 197—2018）中6H级		

（4）灌浆套筒外观质量要求

① 铸造灌浆套筒内外表面不应有影响使用性能的夹渣、冷隔、砂眼、缩孔、裂纹等质量缺陷。

② 机械加工灌浆套筒外表面可为加工表面或无缝钢管、圆钢的自然表面，表面应无目测可见的裂纹等缺陷，套筒端面和外表面的边棱处应无尖棱、毛刺。

③ 灌浆套筒表面允许有锈斑或浮锈，不应有锈皮。

④ 滚压型灌浆套筒滚压加工时，灌浆套筒内外表面不应出现裂纹等缺陷。

⑤ 灌浆套筒表面标记和标识应符合规定。

三、钢筋连接用套筒灌浆料

钢筋连接用套筒灌浆料是以水泥为基本材料，配以细骨料，以及混凝土外加剂和其他材料组成的干混料，简称灌浆料。该材料加水搅拌后具有良好的流动性、早强、高强、微膨胀等性能，填充在套筒和带肋钢筋间隙内，形成钢筋套筒灌浆连接接头。

1. 材料组成

通常灌浆料材料基本组成包括高强水泥、级配骨料，减水剂、消泡剂、膨胀剂等外加剂，以保证其加水搅拌后具有规定的流动性、早强、高强、微膨胀等性能。套筒灌浆料应按产品设计（说明书）要求的用水量进行配制。拌和用水应符合《混凝土用水标准》（JGJ 63—2006）的规定。

2. 灌浆料的分类

（1）常温型套筒灌浆料

常温型套筒灌浆料使用时，施工及养护过程中24h内灌浆部位所处的环境温度不应低于5℃。

（2）低温型套筒灌浆料

低温型套筒灌浆料使用时，施工及养护过程中24h内灌浆部位所处的环境温度不应低于−5℃，且不宜超过10℃。

3. 性能指标

套筒灌浆料性能应符合《钢筋套筒灌浆连接应用技术规程》（JGJ 355—2015）和《钢筋连接用套筒灌浆料》（JG/T 408—2019）的规定，具体参见表4-32。

灌浆料抗压强度越高，越有利于保证灌浆接头的连接性能。在规定范围内，灌浆料拌合物流动度越高越方便施工作业，灌浆饱满度也越容易保证。

表4-32 灌浆料的性能要求

项目		性能指标
流动度/mm	初始	≥300
	30 min	≥260
抗压强度/MPa	1 d	≥35
	3 d	≥60
	28 d	≥85
竖向膨胀率/%	3 h	≥0.02
	24 h与3 h的膨胀率之差	0.02～0.5
氯离子含量/%		≤0.03
泌水率/%		0

四、浆锚搭接灌浆料

1. 材料组成

浆锚搭接灌浆料也是水泥基灌浆料，主要材料有高强度水泥、级配骨料和外加剂等。由于浆锚孔壁的抗压强度低于套筒，所以浆锚搭接灌浆料抗压强度低于套筒灌浆料抗压强度。

2. 性能指标

《装配式混凝土结构技术规程》（JGJ 1—2014）中给出了钢筋浆锚搭接连接接头用灌浆料的性能要求，见表4-33。

表4-33 钢筋浆锚搭接连接接头用灌浆料的性能要求

项目		性能指标
泌水率/%		0
流动度/mm	初始值	≥200
	30 min保留值	≥150
竖向膨胀率/%	3 h	≥0.02
	24 h与3 h的膨胀率之差	0.02～0.5
抗压强度 /MPa	1 d	≥35
	3 d	≥55
	28 d	≥80
氯离子含量/%		≤0.06

五、接缝封堵（座浆）及分仓材料

1. 座浆料

座浆料也称高强封堵料，是装配式混凝土结构连接节点封堵密封及分仓使用的水泥基材料。座浆料的主要材料有高强度水泥、级配骨料和外加剂等。

座浆料具有强度高、干缩小、和易性好（可塑性好，封堵后无坍落）、黏结性能好且方便使用的特点。座浆料进场时，生产厂家应提供合格证和试验报告。

座浆料性能指标见表4-34。

表4-34　座浆料性能指标

项目	技术指标	试验标准
胶砂流动度/mm	130～170	《水泥胶砂流动度测定方法》（GB/T 2419—2005）
抗压强度/MPa	1d≥30	《水泥胶砂强度检验方法（ISO法）》（GB/T 17671—1999）
	28d≥50	

2. 接缝封堵及分仓的其他材料

接缝封堵及分仓材料除了座浆料外，常用的还有木方、充气管、橡塑海绵胶条、木板、PVC管（图4-49）和聚乙烯泡沫棒（图4-50）等。

图4-49　PVC管

图4-50　聚乙烯泡沫棒

橡塑海绵胶条一般采用的规格为宽度15～20mm，厚度25～30mm，具体宽度选用前应进行计算。PVC管一般采用的规格为外径 ϕ20mm。聚乙烯泡沫棒一般采用的规格为外径 ϕ20mm。

第四节　工具设备

实现钢筋套筒灌浆连接，其生产作业过程中还需配有相关的加工设备和各类配套辅件。

一、灌浆料制备设备与工具

1. 浆料搅拌器（手提式搅拌器）

浆料搅拌器，如图4-51所示。用于灌浆料搅拌，其主要技术参数为：

① 功率：1 200～1 400 W。

② 转速：0～800 r/min，可调。

③ 电压：单相220 V/50 Hz。

④ 搅拌头：片状或圆形花栏。

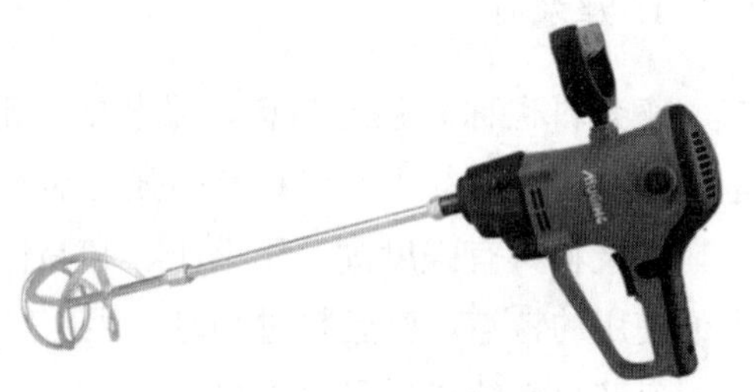

图4-51 浆料搅拌器

2. 电子秤

电子秤，如图4-52所示。用于精确称量灌浆料干料，其主要技术参数为：

① 量程：30～50 kg。

② 测量精度：0.01 kg。

图4-52 电子秤

3. 刻度量杯

刻度量杯，如图4-53所示。用于精确称量灌浆料搅拌用水，容量一般为2～5 L。

图4-53 刻度量杯

4. 平板手推车

平板手推车，如图4-54所示。用于灌浆料等材料的水平运输，尺寸一般为600 mm×800 mm。

5. 浆料搅拌桶

浆料搅拌桶，如图4-55所示。用于灌浆料拌合物的搅拌，一般采用 ϕ300 mm×H400 mm的不锈钢平底桶。

6. 电子测温仪

电子测温仪，如图4-56所示。用于测量灌浆料拌合物的温度，其主要技术参数为：

① 测温范围：−30～130℃。

② 分辨率：0.1℃。

③ 操作环境温度：−20～50℃。

图4-54　平板手推车

图4-55　浆料搅拌桶

7. 试块试模

试块试模，如图4-57所示。属于标准试验用具，用于制作灌浆料抗压强度试验的试块，规格一般为40 mm×40 mm×160 mm，三联一组。

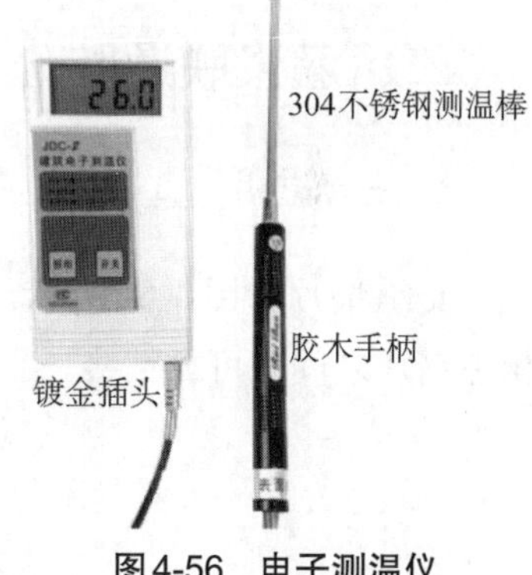

图4-56　电子测温仪

8. 截锥圆模

截锥圆模，如图4-58所示。属于标准试验用具，用于检测灌浆料拌合物的流动度。截锥圆模规格为上口内径（70±0.5）mm，下口内径（100±0.5）mm，下口外径120mm，高度（60±0.5）mm。

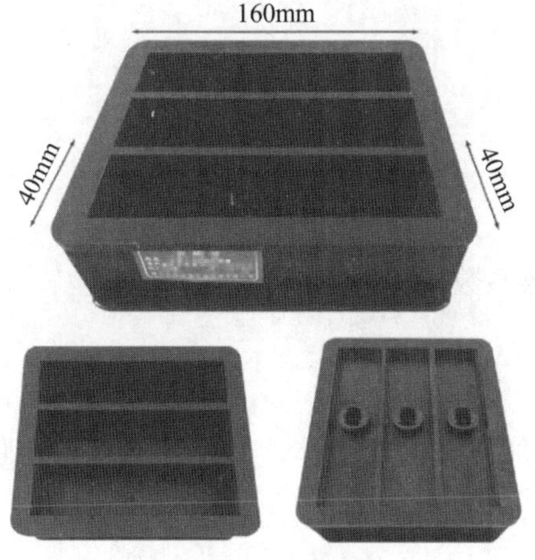

图4-57　试块试模

图4-58　截锥圆模

9. 玻璃板

玻璃板，如图4-59所示。用于检测灌浆料拌合物流动度的底模，规格一般为400 mm×400 mm×5 mm。

10. 计时器

计时器用于记录灌浆料的搅拌时间，如图4-60所示。如果没有计时器也可以采用手机自带的计时器进行计时。

图4-59　玻璃板

图4-60　计时器

二、灌浆联通腔分仓、周圈封堵用工具

1. 支承垫片

支承垫片如图4-61所示，可采用由多个具有确定厚度的钢片叠合而成的钢质垫片，相邻钢片之间应可靠粘接。

图4-61　支承垫片

2. 密封带

密封带可选用聚苯乙烯泡沫条（图4-62）等导热系数低、不吸水的弹性材料。

3. 套筒密封垫

套筒密封垫（图4-63）宜为上部环状垫片和下部弹簧的组合体，其中环状垫片应保证与套筒下口贴合紧密。

4. 封缝料内衬

封缝料内衬宜选用具有一定弹性的软管、橡胶条或PVC管等。

构件间水平缝联通腔分仓和周圈封缝时，封缝料内衬主要用于分隔和支撑封缝料或座浆料，并使密封材料压紧密实。构件联通腔分仓、周圈封堵用工具如图4-64所示。

图4-62　聚苯乙烯泡沫条

图4-63　套筒密封垫

(a) PVC管

(b) 抹子

图4-64　构件联通腔分仓、周圈封堵用工具

5. 堵孔塞

灌浆作业完成后，一般用堵孔塞（图4-65）封堵灌浆套筒的灌浆孔与出浆孔及浆锚孔的灌浆孔，堵孔塞一般由耐酸、耐碱、耐腐蚀的橡塑材料或者其他软质的材料制成，以确保可以重复使用。

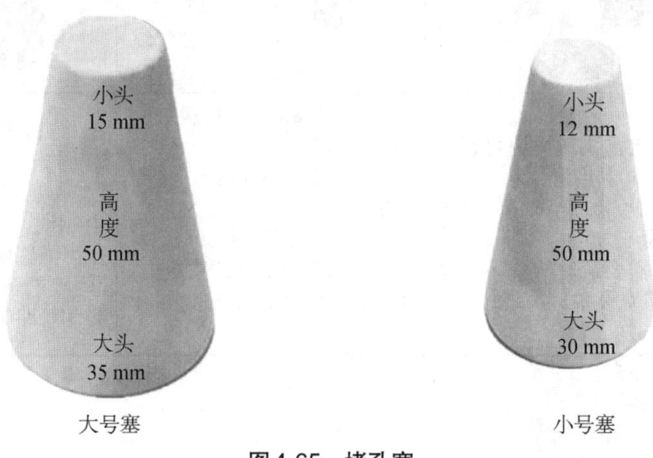

图4-65　堵孔塞

堵孔塞应与进浆管、出浆管相匹配，并具有一定的弹性，保证严密封堵进浆管、出浆管管口且不易被灌浆料顶出。

三、灌浆设备

压力灌浆常用的灌浆设备主要有电动灌浆设备、手动灌浆枪和备用应急设备等。

1. 电动灌浆设备

常用的电动灌浆设备根据工作原理分为电动泵管挤压式灌浆机、电动螺杆式灌浆机和气动压力式灌浆机3种类型，见表4-35。选用灌浆设备时，应根据灌浆料特性和灌浆工艺要求选用灌浆压力等参数符合要求的灌浆机。

表4-35　电动灌浆设备

项目	电动泵管挤压式灌浆机	电动螺杆式灌浆机	气动压力式灌浆机
工作原理	电动机带动减速器，通过传动轴转动3个挤压轴，使挤压轴与软泵管不断挤压，从而将灌浆料拌合物从料斗通过软泵管输送到灌浆部位	电动机带动减速器和输送螺旋杆转动，将灌浆料拌合物输送到增压螺杆或增压定子组成的增压仓内，并使灌浆料拌合物克服管道阻力而达到灌浆部位	利用气压差，将封闭储料罐中的灌浆料拌合物通过灌浆管输送到灌浆部位
设备构造	由电动机、减速器、软泵管（灌浆管）、料斗和电器控制器等部件构成	由电动机、减速器、料斗、增压定子总成、测压接头灌浆管和电器系统等部件组成	由气泵、储料罐、压力表、输送软管（灌浆管）和枪头等部件组成
示意图			
优点	① 流量稳定，快速慢速可调，适合泵送不同黏度灌浆料 ② 故障率低，泵送可靠，可设定泵送极限压力 ③ 使用后需要认真清洗，防止浆料固结堵塞设备	① 适合低黏度、骨料较粗的灌浆料灌浆 ② 体积小、重量轻，便于运输 ③ 螺旋泵胶套寿命有限，骨料对其磨损较大，需要更换 ④ 扭矩偏低，泵送力量不足，不易清洗	① 结构简单，清洗方便。没有固定流量，需配气泵使用，最大输送压力受气泵压力制约，不能应对需要较大压力灌浆场合 ② 要严防压力气体进入灌浆料和管路中

2. 手动灌浆枪

手动灌浆枪，如图4-66所示。适用于竖向单个套筒、制作灌浆接头、补浆以及水平钢筋连接套筒的灌浆，一般枪腔的容量为0.7 L。

图4-66　手动灌浆枪

3. 备用应急设备

（1）备用灌浆设备

由于灌浆需要连续作业，浆料搅拌器电动机极易发热有可能导致电动机烧毁，为避免影响施工，需要备用一台浆料搅拌器。

（2）高压水枪

高压水枪是高压清洗机，高压水射流清洗机的俗称，如图4-67所示，是通过动力装置产生高压水来冲洗物体的机器。高压水枪主要用于冲洗灌浆不合格的构件及灌浆料填塞部位，将污垢剥离、冲走，达到清洗物体的目的。

（3）柴油发电机

柴油发电机，如图4-68所示。是一种小型发电设备，指以柴油等为燃料，以柴油机为原动机带动发电机发电的动力机械。整套机组一般由柴油机、发电机、控制箱、燃油箱、起动和控制用蓄电瓶、保护装置、应急柜等部件组成。大型构件灌浆突然停电时，柴油发电机可为电动灌浆设备提供应急电源。

图4-67　高压水枪

图4-68　柴油发电机

第五节　施工组织管理

施工组织管理是指以科学的方法对工程进行计划、组织、控制的过程。主要包括：创造良好的施工条件，保证施工顺利进行；选择最优施工方案，争取最佳经济效果；缩短施工周期，降低物资消耗；保证工程质量和生产安全，创造优质服务和社会信誉。

一、灌浆施工方案

灌浆施工方案应包括灌浆套筒在预制生产中的定位、构件安装定位与支撑灌浆料拌和、灌浆施工、检查与修补等内容。施工方案编制应以接头提供单位的相关技术资料、操作规程为基础。根据构件结构特点、施工环境温度条件等，确定采用水平缝座浆的单套筒灌浆、水平缝联通腔封缝的多套筒灌浆、水平缝联通腔分仓封缝的多套筒灌浆施工方案，并以实际样品构件、施工机具、灌浆材料等进行方案验证，确认后正式实施。

二、质量管理

1. 施工人员管理

装配式建筑在施工过程中更加注重对灌浆设备的使用和对灌浆料的性能把控，因此对施工人员的培训必须到位，施工人员必须掌握各种设备的操作流程和施工过程的要领，经培训考核合格后才能上岗。

2. 预制构件和辅材质量管理

施工单位在预制构件采购阶段需要采取有效的质量检测和控制措施，对质量不合格的构件予以更换，并对更换过程实施全程跟踪。对于钢筋套筒灌浆连接的预制构件，特别要注意其钢筋位置的准确度和钢筋插入套筒的深度，套筒上设置的注浆管必须位置准确、大小适宜、安装牢固、防止漏浆。

辅助材料进入现场时必须具备产品合格证、检验报告等出厂质量证明文件，并按照规范要求取样送检进行复试，合格后才能使用。

3. 套筒灌浆施工过程质量管理

（1）封仓

当预制剪力墙板灌浆距离超过3 m时，宜进行灌浆作业区分割，也就是“分仓”。预制墙板底部的分仓需要根据深化设计，并保证采用座浆料分仓后所形成的空间与套筒、构件下部预留孔道能相互贯通。用座浆封堵后需要24 h之后才能进行灌浆，以保证产生足够的强度承受灌浆压力。

（2）灌浆料制备

经检验合格的灌浆料按照产品说明对水和灌浆料进行计量，按要求控制好搅拌时间并静置后投入使用，每批灌浆料一般在30 min内使用完毕。

（3）灌浆

在灌浆过程中，灌浆作业人员要把握好灌浆机械的操作，浆料应从灌浆口连续、均匀地注入。排浆口出浆封堵后，灌浆口需要持压30～60 s再封堵，以保证足够的浆料能进入联通腔。

4. 灌浆连接质量检测

灌浆连接接头应由接头提供单位提交型式检验报告，合格才能使用。套筒灌浆连接的关键是灌浆是否密实饱满，目前进行无损检测主要有X射线技术检测和超声波技术检测手段。

三、安全管理

装配式建筑与常规混凝土现浇结构不同，需要对大量的预制构件进行吊装与灌浆连接。为了预防灌浆施工过程中存在的安全隐患，安全的进行项目建设，就需要对灌浆过程中的安全问题进行监督。

1. 灌浆作业安全施工要点

灌浆作业前，技术人员应对所有作业人员进行安全和技术交底。施工单位对每个新参加灌浆的作业人员应进行安全操作规程培训，培训合格方可上岗操作。

电动灌浆机电源应有防漏电保护开关和接地装置，移动和清洗时应切断灌浆机电源，由专人操作。严禁使用不合格的电缆线作为电动灌浆机的电源线。电动灌浆机工作期间严禁将手伸向灌浆机出料口，严禁将枪口对准作业人员。

分仓后，预制构件吊装时，分仓人员应撤离到安全区域。预制构件安装后，必须在临时支撑架设完成确保安全后，方可进行接缝封堵等作业。作业人员在进行边缘预制构件接缝封堵、分仓及灌浆作业时须佩戴安全绳。作业时发现安全隐患，应立即排除。

2. 灌浆作业文明施工要点

灌浆作业现场的设备、工具和材料应分区域存放整齐，留出作业通道，并设置标识牌。

搅拌灌浆料、座浆料时应避免灰尘对环境造成污染。落地的灌浆料拌合物以及出浆口溢出来的灌浆料拌合物应及时清理，存放在专用的废料收集容器内。采用座浆料进行接缝封堵及分仓时，应精心操作避免座浆料污染外墙面。

灌浆料、座浆料搅拌完成应及时清理搅拌现场，保持卫生，废水应集中收集处理。现场应设立垃圾回收点。材料的包装袋以及其他包装物应及时回收，不可随意丢弃。

四、成本管理

装配式混凝土建筑工程施工与现浇混凝土建筑的施工成本，从构成上大致相同，都包含人工费、材料费、机械费、组织措施费、规费、企业管理费、利润、税金等。但由于建造方式、施工工艺的不同，在各个环节上的成本也不尽相同，特别是套筒灌浆施工环节，结构连接处增加套管和灌浆料或浆锚孔的约束钢筋、波纹管等，材料费部分几乎没有压缩空间。但是，装配式混凝土建筑工程施工也不是说在控制成本上无所作为，也有必要尽可能地降低成本。对于套筒灌浆施工成本管理，具体分析如下：

1. 人工费

1）提高套筒灌浆工人专业技能，减少作业人员。

2）采用委托专业灌浆施工劳务企业承包的方式，减少窝工。

2. 材料费

1）合理选用套管和灌浆料或浆锚孔的约束钢筋、波纹管等。

2）减少灌浆料损耗。

3）合理减少竖向支撑。

4）减少建筑垃圾。

3. 机械费

1）合理选用灌浆需要专用机械。

2）加强灌浆设备的维护与保养，特别是要做到“工完料清”。

4. 组织措施费

1）减少现场工棚、仓库等临时设施。

2）减少现场垃圾及其清运。

5. 灌浆施工以外环节的成本降低

1）优化设计，以满足降低成本的要求。

2）通过技术进步和规范的调整，简化连接节点构造。

3）实现管线分离，可以减少诸如楼板接缝等多余环节。

操作技能篇

第五章　灌浆作业准备

灌浆作业是装配式混凝土建筑节点连接最重要、最核心的作业环节，连接节点的安全是建筑安全最基本、最重要的保障。全面、完善地做好准备工作是灌浆作业顺利进行及灌浆质量得到保障的前提。

第一节　灌浆作业的基本准备

一、人员准备

在灌浆施工之前对操作人员进行培训，通过培训增强操作人员对灌浆质量重要性的意识，明确该操作行为的一次性且不可逆的特点，从思想上重视其所从事的灌浆操作；另外，通过工作人员灌浆作业的模拟操作培训，规范灌浆作业操作流程，熟练掌握灌浆操作要领及其控制要点。灌浆施工人员准备主要包括作业人员准备和质检人员准备两部分。

1. 作业人员准备

灌浆作业人员须经过培训考核，全面掌握灌浆施工技术并持证上岗。应根据工期、作业面积计算出需要的作业人员和时间，及时配备、调整作业人员，确保灌浆作业按计划实施。

一般每组需要4名作业人员，其中组长1人，操作人员3人。每组作业人员需要协同完成接缝封堵、分仓、灌浆料搅拌和灌浆等作业。

根据实践经验，每组作业人员完成一根截面积为600 mm×600 mm的预制柱的灌浆作业累计时间需要约20 min；完成一个约3 m，间距为200 mm的双排套筒剪力墙的灌浆作业累计时间需要约15 min；完成一个约3 m，单排套筒剪力墙的灌浆作业累计时间需要约10 min。

2. 质检人员准备

灌浆作业应配备专职质检人员，对灌浆作业进行全过程的检查和监督。

二、设备及工具准备

灌浆作业开始前，要对灌浆料制备设备及工具、灌浆设备、分仓设备及工具、接缝封堵设备及工具、补灌设备及工具、冲洗设备及工具、备用设备及工具和视频设备等的规格型号、数量、技术参数、完好情况等进行全面检查，并进行调试、试用，确保设备及工具满足灌浆作业的要求。为了预防停电和灌浆失败冲洗等，要准备发电机和高压水泵等备用设备。检查电源、水源的保障情况，检查后填写检查记录表。

1）检查各种设备及工具的规格型号、数量、技术参数和使用要求是否符合施工及设计要求，如不符合应及时更换。检查方式为目测及参数比较，检查数量为全数检查。

2）检查电器设备的电源和开关是否完好，并接通电源对设备进行空转调试。灌浆机应接通电源，用水做压力试验，确保设备正常。

3）有减速机的灌浆设备启动前应检查减速箱的润滑油是否符合要求，检查灌浆设备的灌浆管是否有破损。检查空压机是否能正常工作，检查搅拌器是否能正常运转。

4）设备及工具在灌浆作业完成后应立即清理，避免设备管路堵塞，设备及工具表面应保持干净。电子秤等计量设备应定期校验，每次使用前应进行检查，确保计量准确。

5）检查作业面楼层的水源，在作业区域附近应放置备用水桶，且应备足水。

三、材料准备与进场验收

灌浆作业的材料主要有套筒灌浆料或浆锚搭接灌浆料、现场用套筒、分仓材料和接缝封堵材料等。

根据《钢筋套筒灌浆连接应用技术规程》（JGJ 355—2015）中的规定，灌浆料进场时，应对灌浆料拌合物30 min流动度、泌水率及3 d抗压强度、28 d抗压强度、3 h竖向膨胀率、24 h与3 h竖向膨胀率差值进行检验。

1. 材料准备

1）各种材料必须严格按照相关规范及设计要求进行采购。

2）钢筋套筒灌浆连接材料应符合《钢筋套筒灌浆连接应用技术规程》（JGJ 355—2015）的规定，施工现场应有符合要求的接头试件型式检验报告。

3）套筒灌浆料应采用由接头型式检验确定的相匹配的灌浆料。

4）灌浆料进场时可由灌浆料生产单位对灌浆料的使用进行技术交底。

5）分仓材料通常采用抗压强度为50 MPa的座浆料。

6）接缝封堵常用的材料有抗压强度为50 MPa座浆料、木方、充气管、橡塑海绵胶条、木板、PVC管和聚乙烯泡沫棒等。

7）当现场同时存有座浆料、套筒灌浆料及浆锚搭接灌浆料等材料时，需要对不同材料做明显标识并分区域存放，避免操作失误、用错材料。

8）按要求对灌浆料、套筒、分仓材料和接缝封堵材料等进行报审，监理单位审核通过后方可使用。

9）可以根据实际情况计算出每个构件所使用的灌浆料用量，灌浆料用量计算可参考下列公式：

① 单个套筒灌浆料拌合物用量（体积）=（套筒内径截面面积-连接钢筋截面面积）×套筒空腔的有效高度

② 接缝处灌浆料拌合物用量（体积）=结合面底面面积×结合面缝隙高度（通常为20 mm）

③ 单个预制构件灌浆料拌合物用量（体积）=（接缝处灌浆料拌合物用量+n（套筒数量）×单个套筒灌浆料拌合物用量）×1.1（损耗系数）

④ 单个预制构件灌浆料拌合物用量（质量）=单个预制构件灌浆料拌合物用量（体积）×灌浆料拌合物容重

⑤ 以水料比11%为例：单个预制构件灌浆料用量（质量）=单个预制构件灌浆料拌合物用量（质量）×100/（100+11）

2. 进场验收

灌浆料与灌浆套筒在现场交货时，应有产品合格证、使用说明书、产品质量检测报告，可参见《钢筋连接用套筒灌浆料》（JG/T 408—2019）《钢筋连接用灌浆套筒》（JG/T 398—2019），还应有所有规格接头的有效型式检验报告，可参见《钢筋套筒灌浆连接应用技术规程》（JGJ 355—2015）。

现场对进场材料实物验收前，需要先行验收进场材料的相关文件。

（1）送（发）货单

送（发）货单是随同材料进场必需的资料之一，应包含下列内容：

① 送（发）货单单号。

② 货物名称、规格、数量、单价和金额等。

③ 发货单位名称、收货单位名称和收货单位地址等。

④ 发货日期。

⑤ 其他必须说明的内容（如运输车号和联系方式等）。

采购人员及库房管理员应对送货单内容逐项核对，如有异议，应要求对方说明或根据实际情况在送货单上注明，无异议后再办理材料接收及入库手续。

（2）质量保证书

质量保证书是随同材料进场必需的资料之一，是材料质量的证明文件。材料不同，其质量保证书的格式及内容也有差异，但均应包含下列内容：

① 质量保证书编号。

② 材料名称和规格等。

③ 检验项目、指标和结果等。

④ 生产单位、生产日期和发货日期等。

⑤ 检验依据和检验人员等。

⑥ 其他必须说明的内容。

四、构件质量检查

构件质量主要检查灌浆套筒内腔和灌浆、出浆管路是否畅通，保证后续灌浆作业顺利。检查要点包括：

1）用气泵或钢棒检测灌浆套筒内有无异物，管路是否通畅。

2）确定各个进浆和出浆管孔与各个灌浆套筒的对应关系。

3）了解构件连接面实际情况和构造，为制定施工方案做准备。

4）确认构件另一端面伸出连接钢筋长度符合设计要求。

5）对发现问题构件提前进行修理，使其达到可用状态。

第二节　灌浆作业的技术准备

一、编制专项施工方案

灌浆作业前，应编制套筒灌浆连接专项施工方案。专项施工方案应当由施工单位技术负责人审核签字并加盖单位公章，经总监理工程师签字并加盖执业印章后方可实施。

专项施工方案不是强调单独编制，而是强调应在相应施工方案中包括套筒灌浆连接施工的相应内容。施工方案应包括灌浆套筒在预制生产中的定位、构件安装定位与支撑、灌浆料拌和、灌浆施工、检查与修补等内容。应明确吊装灌浆工序作业时间节点、灌浆料搅拌、接缝封堵工艺、分仓设置、补浆工艺和座浆工艺等要求。还需要编制堵缝漏气或其他原因导致无法实现灌浆饱满时，冲洗已灌入的灌浆料拌合物，重新进行接缝封堵的应急预案。施工方案编制应以接头提供单位的相关技术资料、操作规程为基础。

二、材料性能试验

根据材料的特征和相关规范要求，灌浆作业前应进行灌浆接头工艺检验、灌浆料拌合物流动度、灌浆料抗压强度和灌浆套筒连接性能等项目的试验。

1. 灌浆接头工艺检验

钢筋套筒灌浆连接施工前，应对不同钢筋生产企业的进场钢筋、相互匹配的灌浆套筒及灌浆料制作灌浆接头进行工艺检验，工艺检验合格后方可进行钢筋套筒灌浆连接施工。接头工艺检验应符合下列规定：

1）灌浆套筒埋入预制构件时，工艺检验应在预制构件生产前进行；灌浆套筒在施工现场安装时，工艺检验应在施工前进行。

2）工艺检验应模拟施工条件制作接头试件，并应按接头技术提供单位提供的施工操作要求进行。

3）每种规格钢筋应制作3个对中套筒灌浆连接接头。

4）采用灌浆料拌合物制作的40 mm×40 mm×160 mm试件不应少于1组。

5）接头试件及灌浆料试件应在标准养护条件下养护28 d。

6）每个接头试件的抗拉强度、屈服强度、3个接头试件的残余变形的平均值应符合《钢筋套筒灌浆连接应用技术规程》（JGJ 355—2015）的有关规定；灌浆料抗压强度应满足《钢筋套筒灌浆连接应用技术规程》（JGJ 355—2015）规定的28 d强度要求。

7）接头试件在量测残余变形后可再进行抗拉强度试验，并应按《钢筋机械连接技术规程》（JGJ 107—2016）规定的钢筋机械连接型式检验单向拉伸加载制度进行试验。

8）第一次工艺检验中1个试件抗拉强度或3个试件的残余变形平均值不合格时，可再抽3个试件进行复检，复检仍不合格判为工艺检验不合格。

9）工艺检验应由具有相应资质的第三方专业检测机构进行，并应按《钢筋套筒灌浆连接应用技术规程》（JGJ 355—2015）规定的格式出具检验报告。

2. 灌浆料拌合物流动度试验

灌浆施工中，灌浆料拌合物的流动度应符合现行行业标准《钢筋连接用套筒灌浆料》（JG/T 408—2019）的有关规定，灌浆料拌合物流动度试验如图5-1所示。

检查数量：每个工作班取样不得少于1次。

检验方法：检查灌浆施工记录及流动度试验报告。

1）将玻璃板放置在水平位置，用湿布将玻璃板和截锥圆模均匀擦拭，使其表面湿润而不带水滴。

2）将截锥圆模放在玻璃板中央，并用湿布覆盖待用。

3）按照产品说明的水料比进行灌浆料搅拌，搅拌完成后，静置排气待用。

4）将制好的灌浆料拌合物迅速注入截锥圆模内，用刮刀刮平，将截锥圆模按垂直方向提起，同时开启秒表计时至30 s时用直尺量取流淌灌浆料拌合物互相垂直的两个方向的最大直径，取平均值作为灌浆料的初始流动度。此灌浆料拌合物应丢弃，不得重复使用。

5）剩余灌浆料拌合物静置时，应用湿布覆盖搅拌桶。

6）搅拌桶内的剩余灌浆料拌合物，静置30 min后，开启搅拌器，搅匀灌浆料拌合物，然后按步骤第4）条的方法测定流动度，所得数值即为灌浆料30 min的流动度。

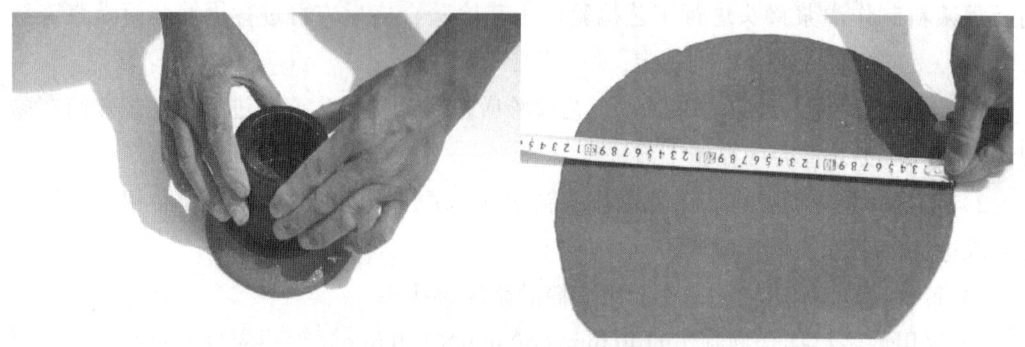

图5-1　灌浆料拌合物流动度试验

3. 灌浆料抗压强度试验

灌浆施工中，灌浆料的28 d抗压强度应符合《钢筋套筒灌浆连接应用技术规程》（JGJ 355—2015）的有关规定。用于检验抗压强度的灌浆料试件应在施工现场制作。

检查数量：每个工作班取样不得少于1次，每楼层取样不得少于3次。每次抽取1组40 mm×40 mm×160 mm的试件，标准养护28 d后进行抗压强度试验。灌浆料试件如图5-2所示。

图5-2　灌浆料试件

检验方法：检查灌浆施工记录及抗压强度试验报告。

1）灌浆料搅拌完成后，灌浆料拌合物必须经过静置排气后方可进行试块制作，且灌浆料拌合物不可放置时间过长。

2）试块制作前，应将试模清理干净，试模内壁均匀涂刷脱模剂。

3）试块制作时，灌浆料拌合物应填塞密实，用小锤轻敲振动试模外壁，使灌浆料拌合物内气泡充分排出。

4）试块制作完成后，应将试块放置在具有一定湿度的标养室内进行养护。

5）标准养护条件下，试块制作完成24 h后，即可进行脱模。

6）脱模后，将制作时间和施工部位等参数标记在试块上。

7）试块标准养护28 d后进行抗压强度试验。

4. 灌浆套筒连接性能试验

按照《装配式混凝土建筑技术标准》（GB/T 51231—2016）的规定，预埋到预制构件中的钢筋套筒灌浆连接接头的抗拉强度试验应在预制构件生产前在预制构件工厂完成，如图5-3所示。工地是否需要再次验证，应根据具体实际情况确定。

1）将试验用的套筒和已剪切好的试验用钢筋按规范进行连接。如果用半灌浆套筒，在钢筋上套上密封胶圈，封堵套筒下口；如果用全灌浆套筒，需要在上下两根钢筋上都套上密封胶圈，封堵套筒上下口。

2）用电动灌浆机将灌浆料拌合物从灌浆孔灌入套筒内，待出浆口流出圆柱体灌浆料拌合物后，用堵孔塞封住出浆孔；停止30 s，拔出灌浆管，立即用堵孔塞将灌浆孔封住。

3）制作好的试件应放置在具有一定湿度的标养室内进行养护。

4）在试件上标记好部位及制作时间。

5）试件的拉拔试验应由专业试验机构完成。

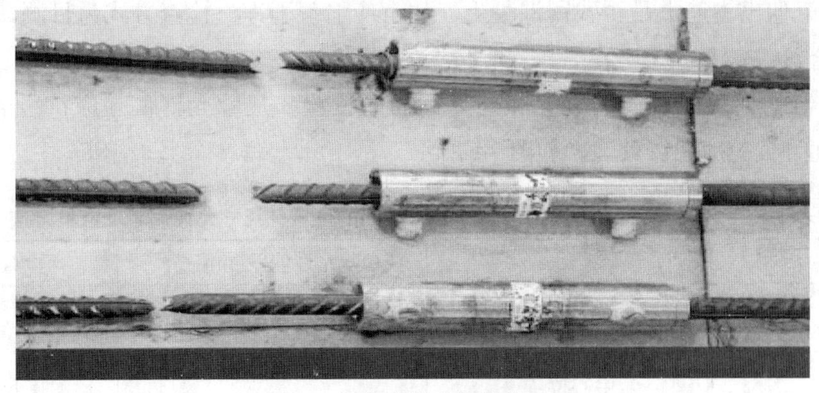

图5-3　灌浆套筒连接性能试验

三、灌浆模拟试验

特殊结构体系或复杂预制构件，灌浆作业前宜进行灌浆工艺可行性和合理性的试验，可做成比例为1∶1可视的灌浆作业模型，如图5-4所示，观察灌浆料拌合物的流动路径、排气情况和饱满度情况，由此制定正确的灌浆作业方案，避免出现灌浆不饱满等现象。

图5-4 可视的灌浆作业模型

第三节 灌浆前相关检查作业

一、连接钢筋检查

1. 竖向预制构件套筒灌浆外露钢筋检查

1）检查伸出钢筋的规格、数量、位置和长度。检查方式为目测和尺量，检查数量为全数检查。

2）检查伸出钢筋上是否残留混凝土，如有应清理干净。检查方式为目测，检查数量为全数检查。

3）预制构件灌浆套筒的位置和外露钢筋的位置、尺寸允许偏差应符合表5-1的规定，超过允许偏差应予以处理，如图5-5所示。

表5-1 预制构件灌浆套筒的位置和外露钢筋的位置、尺寸允许偏差及检验方法

<table>
<tr><th colspan="2">项目</th><th>允许偏差/mm</th><th>检查方法</th></tr>
<tr><td colspan="2">灌浆套筒中心位置</td><td>+2
0</td><td rowspan="3">尺量</td></tr>
<tr><td rowspan="2">外露钢筋</td><td>中心位置</td><td>+2
0</td></tr>
<tr><td>外露长度</td><td>+10
0</td></tr>
</table>

4）现浇结构施工后外露连接钢筋的位置、尺寸允许偏差应符合表5-2的规定，超过允许偏差应予以处理。

5）现浇混凝土伸出的钢筋应采用专用模具进行定位，并采用可靠的固定措施控制连接钢筋的中心位置及伸出钢筋的长度，以满足设计要求。

图5-5　竖向预制构件连接钢筋检查与矫正

表5-2　现浇结构施工后外露连接钢筋的位置、尺寸允许偏差及检验方法

项目	允许偏差/mm	检查方法
中心位置	+3 0	尺量
外露长度、顶点标高	+15 0	

2. 水平预制构件套筒灌浆外露钢筋检查

1）检查连接钢筋的规格、数量、位置和长度。检查方式为目测和尺量，检查数量为全数检查。

2）外露连接钢筋表面不应粘连混凝土、砂浆等，不应发生锈蚀；外露连接钢筋应顺直，当外露连接钢筋倾斜时应予以校正，如图5-6所示。

图5-6　水平预制构件连接钢筋检查与矫正

3）外露连接钢筋的位置、尺寸允许偏差应符合表5-1的规定，超过允许偏差应予以处理。

4）检查灌浆套筒内有无异物，管路是否畅通。当灌浆套筒或管路内有杂物时，应清理干净。

二、预制构件安装前对结合面的检查

竖向预制构件吊装就位前，应按下列规定对现浇结构与预制构件的结合面施工质量和预制构件进行检查，并做相应处理：

1）检查预制构件的类型及编号。

2）结合面应洁净、无油污，并应符合设计及《装配式混凝土结构技术规程》（JGJ 1—2014）的有关规定。

3）高温干燥季节应对结合面做浇水湿润处理，但不得形成积水。

4）结合面外露连接钢筋表面不应粘连混凝土、砂浆等，不应发生锈蚀；外露连接钢筋应顺直，当外露连接钢筋倾斜时应予以校正。

5）预制构件灌浆套筒的位置和外露钢筋的位置、尺寸允许偏差应符合表5-1的规定，超过允许偏差应予以处理。

6）现浇结构施工后外露连接钢筋的位置、尺寸允许偏差应符合表5-2的规定，超过允许偏差应予以处理。

7）检查灌浆套筒内有无异物，管路是否畅通。当灌浆套筒或管路内有杂物时，应清理干净。

8）确定预制构件表面各灌浆管、出浆管与各灌浆套筒的对应关系。

三、套筒及灌浆孔检查

检查套筒数量是否与伸出钢筋数量相符。检查方式为目测，检查数量为全数检查。

检查套筒内部或浆锚孔内部是否有影响灌浆料拌合物流动的杂物，确保孔路畅通，如有可用空压机吹出套筒或浆孔内部松散杂物。检查方式为手电透光检查，如图5-7所示，还可以用通气检查，检查数量为全数检查。

检查灌浆孔和出浆孔是否有残留的砂浆等，如有应清理干净。检查方式为目测，检查数量为全数检查。

图 5-7　手电透光检查

第六章　接缝封堵与分仓作业

预制构件吊装就位，调校完成后进行座浆砂浆分仓、接缝封堵等工序施工。接缝封堵和分仓作业是装配式混凝土建筑灌浆作业的重要环节，如果接缝封堵不密实、分仓作业不合理，就会漏气导致灌浆不饱满，形成非常严重的质量隐患；接缝封堵、分仓作业达不到要求，还很可能造成灌浆失败。

第一节　接缝封堵

灌浆作业前应对预制构件底部与结合面接缝的外沿进行封堵，使接缝部位处于密闭状态，确保灌浆作业时灌浆料拌合物不会溢出，并充满整个套筒及接缝部位，以达到上下层钢筋可靠连接的目的。

一、接缝封堵方式

1. 预制柱接缝封堵方式

（1）木方封堵方式

木方封堵方式是利用木方及木楔对预制柱底部与结合面接缝的外沿进行封堵，如图6-1所示。

（2）充气管封堵方式

充气管封堵方式是将充气管充气后对预制柱底部与结合面接缝的外沿进行封堵，如图6-2所示。

（3）座浆料抹浆的封堵方式

预制构件接缝用座浆料封堵时，一般在接缝边用座浆料抹浆的方式封堵，在接缝的外侧抹出一定的堆积角，如图6-3所示。因预制柱的混凝土强度大多在C50以上，座浆料的强度一般达不到C50，采用座浆方式施工会削弱接缝处强度，因此预制柱不宜采用座浆料抹浆的封堵方式。

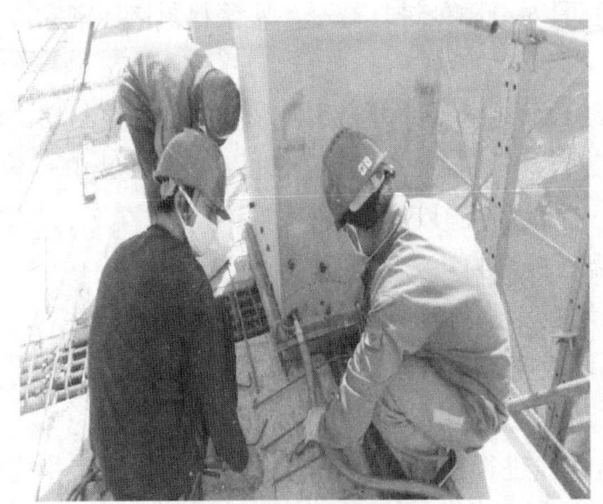

图6-1　木方封堵方式

图6-2　充气管封堵方式

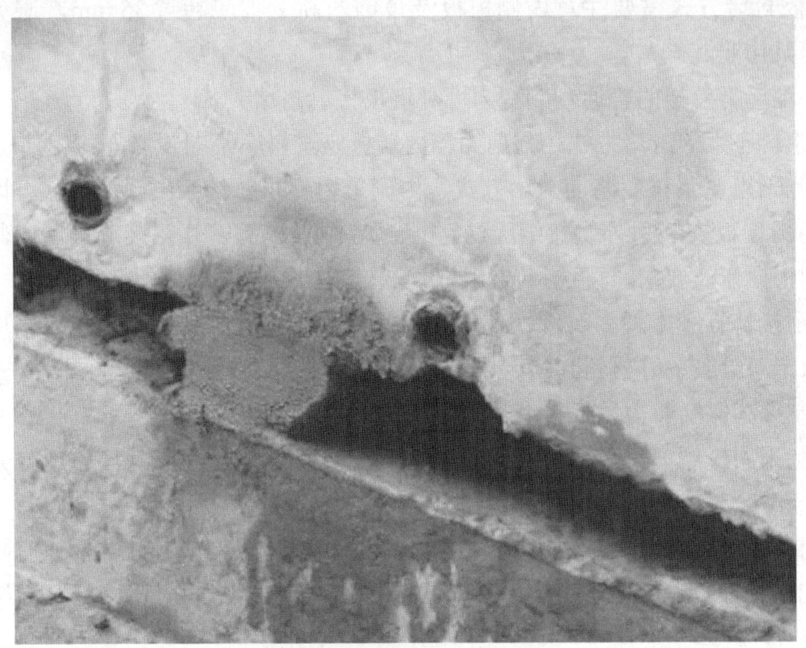

图6-3　座浆料抹浆的封堵方式

2. 预制剪力墙板接缝封堵类型及方式

预制剪力墙板接缝封堵分为预制剪力墙内墙板接缝封堵、外围有脚手架的普通预制剪力墙外墙板接缝封堵、外围无脚手架的普通预制剪力墙外墙板接缝封堵和预制夹芯保温剪力墙板接缝封堵四种类型。

（1）预制剪力墙内墙板接缝封堵方式

1）座浆料座浆的封堵方式

① 预制构件安装前，提前在预制构件与结合面接缝处的外沿内侧铺设座浆料。

② 座浆料座浆的封堵方式需要控制好座浆的时间、座浆料堆积高度和座浆料的宽度。

③ 预制构件安装完毕后，应及时用专用工具对缝隙处进行修平，座浆料封堵应密实。

2）座浆料抹浆的封堵方式：

① 预制构件安装完成后，在预制构件与结合面接缝处的外沿用座浆料进行抹浆封堵。

② 座浆料抹浆的封堵方式应使用专用工具，严格控制好座浆料进入接缝的尺寸，不得对钢筋保护层的厚度造成影响。抹浆后，应检查座浆料封堵的密实性。

（2）外围有脚手架的普通预制剪力墙外墙板接缝封堵方式

1）座浆料座浆的封堵方式：与剪力墙内墙板座浆料座浆的封堵方式相同。

2）座浆料抹浆的封堵方式：与剪力墙内墙板座浆料抹浆的封堵方式相同。

3）木板封堵方式：

① 木板封堵方式利用木板、角钢及拉结铁线进行加固封堵，与采用座浆料封堵相比节省了座浆料凝固时间，提高了整体施工效率。

② 木板封堵方式需要注意内侧模板及角钢的高度不应超过 35 mm，避免堵住灌浆孔，影响灌浆作业。

（3）外围无脚手架的普通预制剪力墙外墙板接缝封堵方式

1）座浆料座浆的封堵方式：与剪力墙内墙板座浆料座浆的封堵方式相同。

2）外侧采用座浆料座浆的封堵方式、内侧采用座浆料抹浆的封堵方式：因外围无外脚手架，剪力墙板安装后外侧接缝无法进行封堵作业，所以外侧接缝采用座浆方式进行封堵。内侧根据作业要求，可选择预制构件安装完毕后进行抹浆封堵的方式。

3）为了接缝打胶方便、美观，在保证钢筋保护层厚度的前提下，也可采用外侧用适宜宽度的橡塑海绵胶条等材料封堵、内侧采用座浆料座浆（或抹浆）的封堵方式。

4）预制夹芯保温剪力墙板接缝封堵方式：

① 外侧采用橡塑海绵胶条粘贴到保温材料上、内侧采用座浆料座浆或抹浆的组合封堵方式。

② 预制夹芯保温剪力墙板由内叶板、保温层和外叶板构成。外叶板设有防水构造，所以外侧无法用座浆料进行封堵，只能采用在保温板处粘贴同时用钢钉固定橡塑海绵胶条的封堵方式。

③ 橡塑海绵胶条封堵的质量会直接影响灌浆工艺，必须严格按照操作规程及技术要求铺设橡塑海绵胶条。同时还应保证胶条的厚度与弹性，预制夹芯保温剪力墙板安装后，胶条要有 10 mm 的压缩空间，压缩后胶条不能错位。

④用于接缝封堵的橡塑海绵胶条宽度应控制小于或等于 B_m，B_m 的计算公式为

$$B_m=1/2D_T+d_g-1/2d$$

式中，B_m——胶条最大宽度，mm；

D_T——套筒直径，mm；

d_g——箍筋直径，mm；

d——连接钢筋直径，mm。

二、接缝封堵作业

预制构件安装前，用风机将预制构件根部清理干净，避免根部灰尘及混凝土残渣堆积堵塞灌浆孔，影响灌浆质量。接缝封堵应严密，避免漏浆。

1. 木方封堵作业

1）木方按照预制柱的外形尺寸进行裁剪；其中两根短木方的尺寸与预制柱截面短边的尺寸相同，另外两根木方比柱的截面长边的尺寸长400 mm。如果柱的截面为通常的正方形，两根短木方的尺寸与预制柱截面边的尺寸相同，另外两根木方的长度增加400 mm。

2）在长木方距离端头50 mm处钻孔，孔的尺寸为20 mm，利用对拉螺杆加固。

3）将预制柱底部与结合面的接缝清理干净。

4）木方与预制柱的接触面应刨平整，还应粘贴双面胶等防止漏气。

5）铺设木方，两长两短分别放置在相同方向的两边，利用对拉螺杆进行加固，同时查看木方底部是否有缝隙，如有需要重新抄平。

6）螺杆加固后，再用木楔在柱与木方周边进行加固。

2. 充气管封堵作业

1）充气管的直径应大于封堵缝的间隙2～3 mm。

根据预制柱尺寸对充气管进行裁剪，充气管长度比预制柱周长尺寸长出300 mm，以便于充气封堵。

2）对充气管进行充气压力测试，充气达到1.2～1.5 MPa，充气管未发生变形方可使用。

3）将预制柱底部与结合面的接缝清理干净，并将接缝部位用水润湿。

4）铺设充气管，将充气管直径约2/3塞进预制柱根部，绕预制柱根部一周，结点部位进行封闭，首尾相连。

5）空压机与充气管进气口连接进行充气，在空压机压力表达到1.2～1.5 MPa时停止充气，检查充气管封堵的密闭情况。

3. 座浆料座浆封堵作业

1）准备座浆料，一般采用抗压强度为50 MPa的座浆料，座浆24 h后即可灌浆。严格按照说明书上的水料比进行。

2）搅拌操作，控制座浆料的流动性。

3）将预制剪力墙板底部与结合面的接缝清理干净，将封堵部位用水润湿，保证座浆料与混凝土之间良好的黏结性。

4）预制剪力墙板安装前，将座浆料按照宽度20 mm，长度与预制剪力墙板长度尺寸相同，高度高出调平垫块5 mm的形式铺在预制剪力墙板的结合面上，座浆料的外侧与预制剪力墙板的边缘线齐平。

5）预制剪力墙板安装完毕后，及时对座浆料进行抹平，确保封堵密实没有漏浆；在确认座浆料达到要求强度后方可进行灌浆作业。

4. 座浆料抹浆封堵作业

1）准备座浆料，一般采用抗压强度为50 MPa的座浆料，抹浆24 h后即可灌浆。严格按照说明书上的水料比进行。

2）搅拌操作须控制座浆料的流动性。

3）将预制柱或预制剪力墙板底部与结合面的接缝清理干净，将封堵部位用水润湿，保证座浆料与混凝土之间良好的黏结性。

4）进行封堵时，用PVC管等作为座浆料封堵模具塞入接缝中，然后填抹15～20 mm深的座浆料，封堵采用一段连续封堵的方式，抹好后抽出PVC管进行下一段封堵，抽出PVC管时尽量不要扰动抹好的座浆料。

5）座浆料宜抹压成一个倒角，可增加与楼地面的摩擦力，保证灌浆时不会因灌浆压力大而发生座浆料整体被挤出的情况。

6）填抹完成后，在确认座浆料达到要求强度后方可进行灌浆作业。

7）座浆料封堵完成后外侧可以用宽度为20～30 mm木板靠紧，并用水泥钉进行加固，木板加固的方式可以缩短接缝封堵与灌浆时间间隔，以提高接缝封堵强度和效率。

5. 橡塑海绵胶条和座浆料组合封堵作业

（1）预制剪力墙板外侧

预制剪力墙板外侧（预制夹芯保温剪力墙板为保温材料部位）采用橡塑海绵胶条封堵，操作规程如下：

① 清理结合面表面。

② 撕掉橡塑海绵胶条的外衬，将橡塑海绵胶条粘贴在结合面（预制夹芯保温剪力墙板为保温材料）表面。

③ 为防止橡塑海绵胶条移位，可利用钢钉将胶条固定在结合面上。

（2）预制剪力墙板内侧

预制剪力墙板内侧采用座浆料座浆或抹浆方式封堵，操作规程如下：

① 座浆料座浆封堵方式作业执行座浆料座浆封堵作业的操作规程。

② 座浆料抹浆封堵方式作业执行座浆料抹浆封堵作业的操作规程。

6. 木板封堵作业

1）预制剪力墙板外侧木板裁剪成50～60 mm宽，在距离端部50 mm处双排钻孔，木板长度方向的孔间距300 mm；内侧木板裁剪成30～35 mm宽，在宽度方向与外侧木板孔的对应位置双排钻孔。内侧和外侧木板的孔眼位置应保证安装时在接缝缝隙处。

2）调整好外侧木板位置，用铁线穿过木板，并从接缝处将铁线穿到预制剪力墙板的内侧，与内侧的角钢或角钢与木板组合件绑扎牢固。

3）木板与预制剪力墙板的接触面应保持平整，还应粘贴双面胶等防止漏气。

4）灌浆完成24 h后，拆除木板及角钢，并将裸露的铁线割除，并做好接缝表面清理工作。

第二节　剪力墙分仓

当预制剪力墙板灌浆距离超过3 m时，宜进行灌浆作业区分割，也就是“分仓”。

一、分仓目的与原则

1. 分仓目的

灌浆的单仓长度越长，灌浆阻力和灌浆压力越大，导致灌浆时间增长，灌浆套筒内灌浆料拌合物不饱满的风险就越大，并且对接缝封堵的材料强度要求就越高。

进行合理分仓后，灌浆料拌合物能够在有效的压力作用下顺利排出仓内的空气，使灌浆料拌合物充满整个接缝空腔及套筒内部，达到钢筋有效且可靠连接的目的。

2. 分仓原则

1）预制剪力墙的灌浆作业一般采取分仓的方式，如图6-4所示。

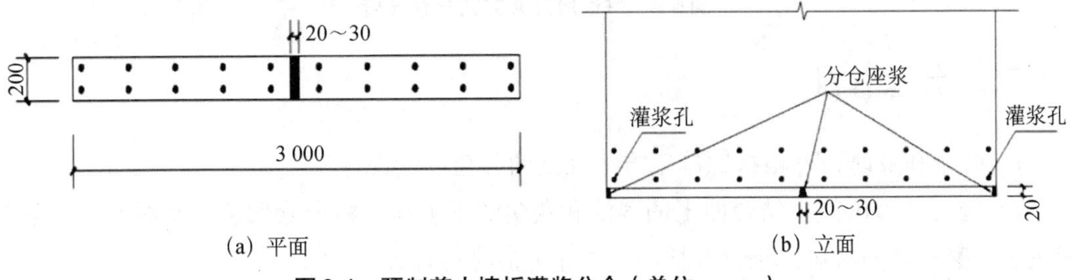

图6-4　预制剪力墙板灌浆分仓（单位：mm）

2）有套筒群部位则整个套筒群可独立作为一个灌浆仓。灌浆施工前，对每块预制墙板分仓进行编号，如图6-5所示。

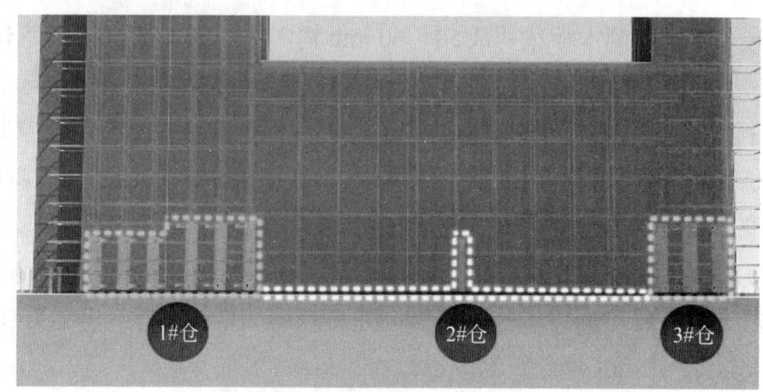

图6-5　套筒群部位分仓编号

3）经过实体灌浆试验可以确定合理的单仓长度。采用灌浆机进行连续灌浆时，一般单仓长度应在1.0～1.5 m，如图6-6所示。

4）采用手动灌浆枪灌浆对单仓长度不应大于0.3 m。

5）分仓材料通常采用抗压强度为50 MPa的座浆料，常温下一般在分仓24 h后方可灌浆。

6）分仓作业要严格控制分隔条的宽度及分隔条与主筋的距离，分隔条的宽度一般控制在20～30 mm，分隔条与连接主筋的间距应大于50 mm。

图6-6　联通腔灌浆方式分仓长度

二、分仓作业

1）分仓作业时，严格按照施工方案确定的分仓位置进行。

2）施工前用风筒将结合面上的残渣和灰尘清理干净，将分仓部位用水湿润。座浆料应按照厂家提供的水料比进行搅拌，搅拌充分后进行铺设。

3）施工时把专用工具塞入预制墙板下方20 mm缝隙中，将座浆砂浆放置于托板上，用另一专用工具塞填砂浆。

4）分隔条的宽度应在20～30 mm，分隔条的高度应比正常标高略高，一般高出5 mm左右。

5）分仓作业时控制好分隔条与主筋的间距，分隔条与主筋间距应大于50 mm。分仓后保证座浆料没有靠近套筒边缘。

6）分仓后在预制剪力墙板上标记分仓位置，填写分仓记录表，并记录分仓时间，以便于计算分仓座浆料强度。

7）分仓砂浆带宽度为30～50 mm，分仓完成后进行封仓施工，如图6-7所示。

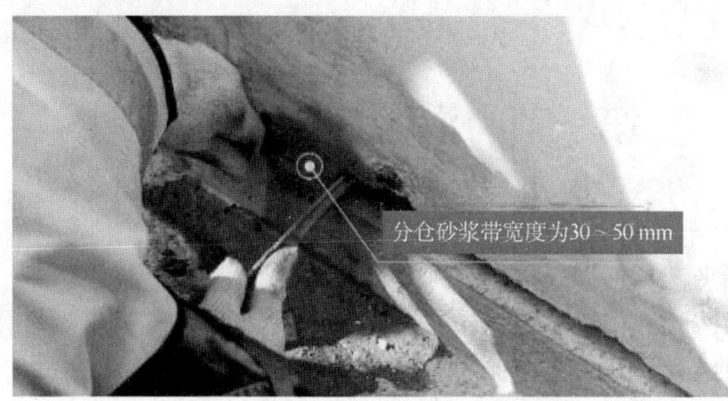

图6-7　封仓砂浆带

8）作为抹封仓砂浆的挡板，伸入墙体控制在5～10 mm，保证套筒插筋的保护层厚度满足规范要求，然后用搅拌好的座浆砂浆进行封仓施工，如图6-8所示。

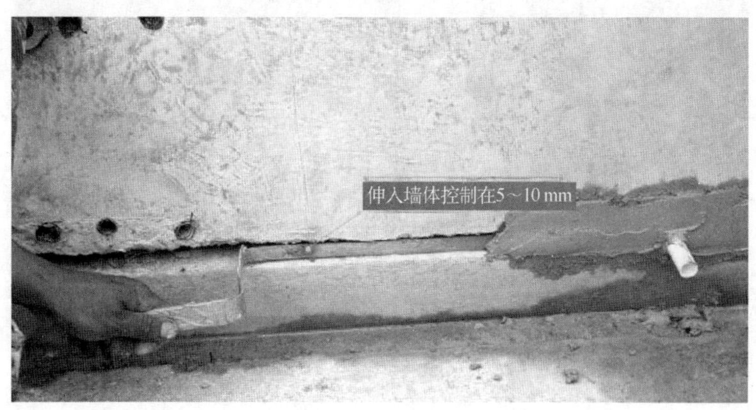

图6-8　封仓作业

9）对上述工序进行检查，如有不合格需要进行整改。

第七章　灌浆施工

第一节　灌浆料制作

一、灌浆料搅拌

灌浆料水料比应按照灌浆料厂家说明书的要求确定，如图7-1所示。目前常用的灌浆料水料比一般为11%～14%，即100 kg的灌浆料、11～14 kg的水。根据季节不同和现场灌浆料拌合物流动度试验可对水料比进行适当调整。具体操作流程如下：

图7-1　灌浆料外包装及说明

1）在搅拌桶内加入全部的水，加入总需求量70%～80%的灌浆料，如图7-2所示。

2）利用搅拌器搅拌1～2 min，建议采用计时器计时。

3）加入剩余的灌浆料，继续搅拌3～4 min。

4）搅拌完毕后，灌浆料拌合物在搅拌桶内宜静置2 min，进行排气，如图7-3所示。

5）待灌浆料拌合物内气泡自然排出后，进行流动度测试，灌浆料拌合物初始流动度要求在不应小于300 mm。

6）每班灌浆前均要对灌浆料拌合物进行流动度测试；流动度满足要求后，将灌浆料拌合物倒入灌浆机内进行灌浆作业。

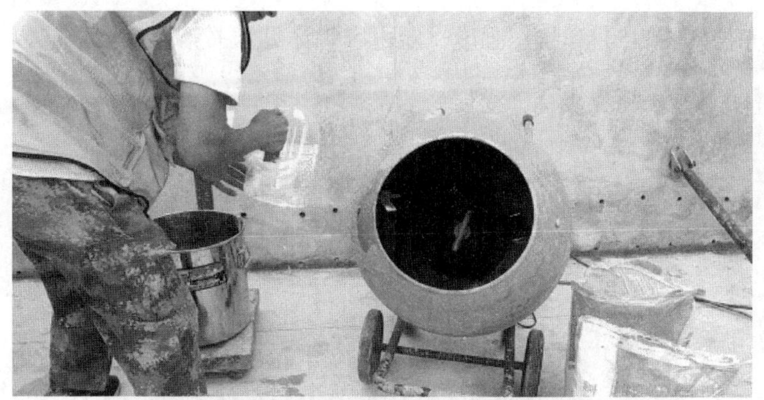

图7-2　搅拌设备中加入水搅拌

图7-3　搅拌桶内静置

二、抗压强度试块制作

1）灌浆施工中，在施工现场制作灌浆料抗压强度试块。

2）每工作班取样不少于1次，每楼层取样不少于3次。

3）每次取样制作一组（3个）40 mm×40 mm×160 mm试块，如图7-4所示。

图7-4　抗压强度试块制作示意图

4）试块养护（图7-5）和抗压强度试验内容等详见本书第五章第二节。

图7-5 试块养护

三、注意事项

1）环境温度高于30℃时，严禁将灌浆料直接暴晒在阳光下，应采取降低灌浆料拌合物温度的措施。

2）严禁搅拌设备和灌浆设备在阳光下暴晒，使用前应用清水对搅拌设备和灌浆设备进行降温和湿润。

3）环境温度低于5℃时不宜进行灌浆施工，低于0℃时不得施工。

第二节 灌浆施工作业流程

灌浆作业是装配式混凝土建筑工程施工最核心重要的环节之一，一定要按照规范要求和技术交底严格认真地进行。

一、灌浆作业流程

灌浆作业应当在预制构件安装后及时进行，隔层灌浆甚至隔多层灌浆是有危险的。一般应随层灌浆，即安装好一层预制构件后立即进行该层灌浆。灌浆作业流程如图7-6所示。

二、灌浆作业前签发灌浆令

灌浆施工前，施工单位应会同监理单位联合对灌浆准备工作、实施条件和安全措施等进行全面检查，重点核查伸出钢筋位置和长度、结合面情况、灌浆腔联通情况、座浆料强度、接缝分仓、分仓材料性能、接缝封堵和封堵材料性能等是否满足设计及规范要求。每个班组每天施工前应签发一份灌浆令，灌浆令由施工单位负责人和总监理工程师同时签发，取得灌浆令后方可进行灌浆作业。

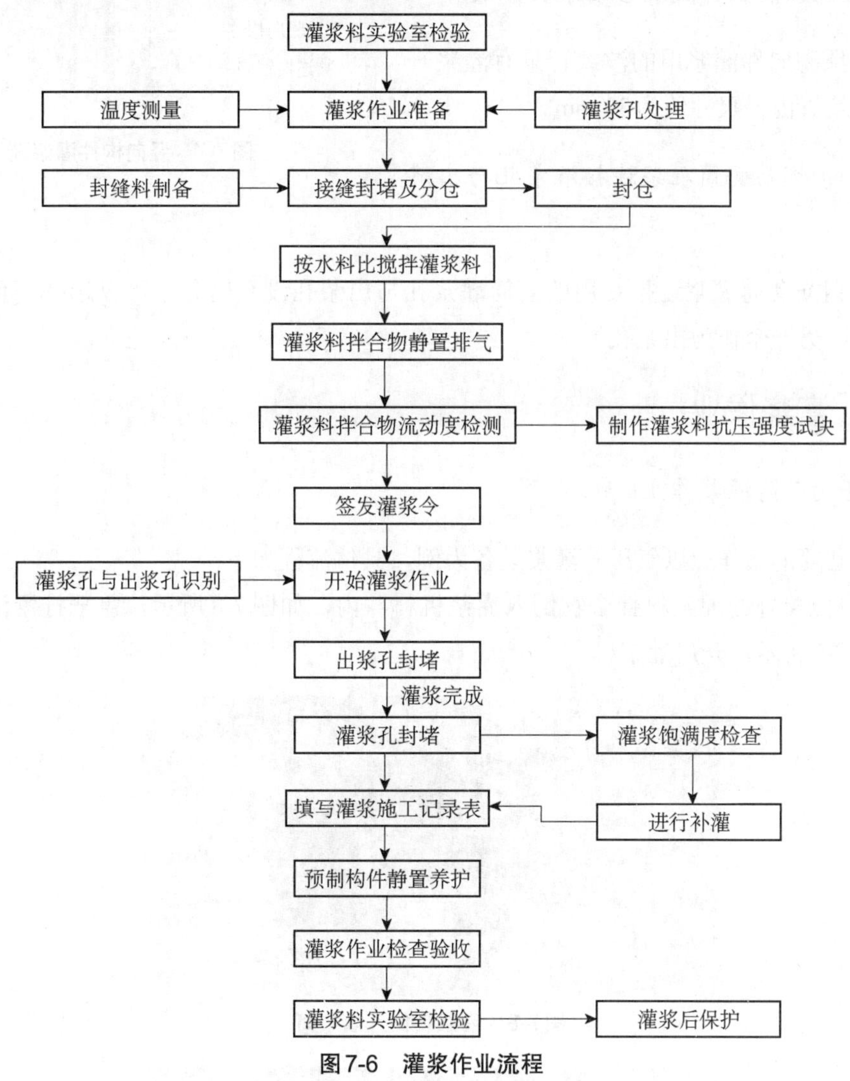

图7-6　灌浆作业流程

三、灌浆孔与出浆孔识别

1. 竖向预制构件灌浆套筒灌浆孔与出浆孔识别

1）竖向预制构件灌浆套筒的灌浆孔与出浆孔是上下对应的：灌浆孔在下，出浆孔在上，如图7-7所示。

2）灌浆孔与出浆孔内径尺寸一般约为20 mm，根据套筒规格不同，内径尺寸也有所不同。

3）预制构件灌浆孔与出浆孔一般使用PVC管或钢丝软管与灌浆套筒连接。

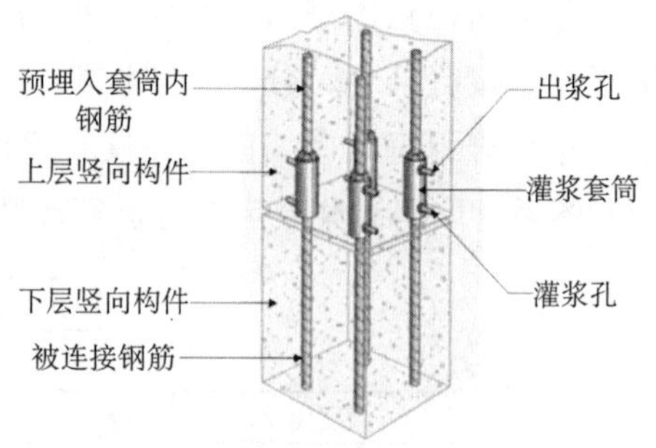

图7-7　竖向构件灌浆孔

2. 竖向预制构件波纹管灌浆孔识别

竖向预制构件灌浆用的波纹管只有灌浆一个孔，波纹管内径尺寸约为30 mm。

3. 水平钢筋套筒灌浆连接灌浆孔与出浆孔识别

水平钢筋套筒灌浆连接使用的套筒灌浆孔与出浆孔没有区分，可以选择任何一个作为灌浆孔；另一个作为出浆孔。

四、灌浆作业

1. 竖向套筒灌浆作业

竖向套筒灌浆作业以气压式灌浆设备为例，具体流程如下：

1）将搅拌好的灌浆料拌合物倒入灌浆机料斗内，如图7-8所示，盖严拧紧灌浆筒封盖，如图7-9所示，开启灌浆机。

图7-8　灌浆料倒入灌浆筒

图7-9　拧紧灌浆筒封盖

2）灌浆料拌合物从灌浆机灌浆管流出且为“柱状”后，将灌浆管插入需要灌浆的剪力墙或柱的灌浆孔内，开始灌浆，如图7-10所示。

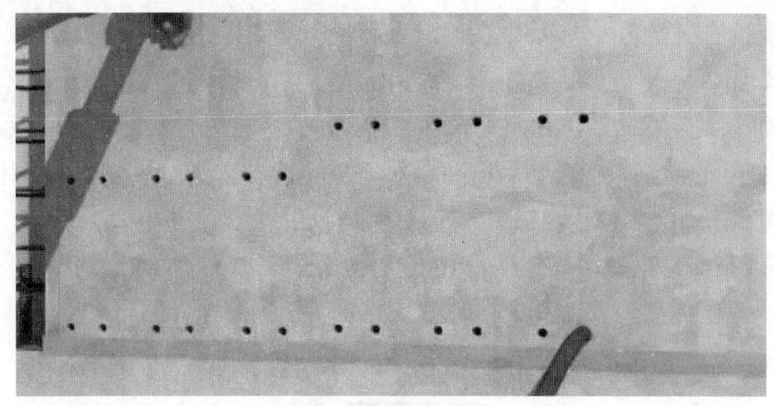

图7-10　插入灌浆管

3）剪力墙板或柱等竖向预制构件各套筒底部接缝联通时，对所有的套筒采取连续灌浆的方式。连续灌浆是用一个灌浆孔进行灌浆，其他灌浆孔和出浆孔都作为出浆孔，如图7-11所示。

图7-11　注浆孔流入腔体与套筒内

4）当需要对剪力墙板或柱等竖向预制构件的连接套筒进行单独灌浆时，预制构件安装前需使用密封材料对灌浆套筒下端口与连接钢筋的缝隙进行密封。

2. 波纹管灌浆作业

1）按照灌浆料厂家提供的水料比及灌浆料搅拌操作规程进行灌浆料的搅拌。

2）将搅拌好的灌浆料拌合物倒入手动灌浆枪内。

3）手动灌浆枪对准波纹管灌浆口位置，进行灌浆。也可以通过自制漏斗把灌浆料拌合物倒入波纹管内。

4）待灌浆料拌合物达到波纹管灌浆口位置后停止灌浆，灌浆作业完成。

3. 倒插法灌浆作业

倒插法灌浆是下部竖向预制构件（通常为预制剪力墙板，下同）上端预留侧面不带灌浆孔、出浆孔的钢管套筒（或波纹管），上部竖向预制构件的下端伸出连接钢筋。倒插法灌浆操作要点如下：

1）按照灌浆料厂家提供的水料比及灌浆料搅拌操作规程进行灌浆料的搅拌。

2）将搅拌好的灌浆料拌合物用料斗灌入套筒（或波纹管）内，也可采用手动灌浆枪灌入灌浆料拌合物。灌浆料拌合物灌入的量要提前进行计算。

3）上部预制构件垂直缓慢放下，其下端伸出的连接钢筋插入套筒（或波纹管），如图7-12所示。调整标高垫片，支设临时斜支撑并调整预制构件的垂直度，调整后固定临时斜支撑，摘掉吊具吊钩。

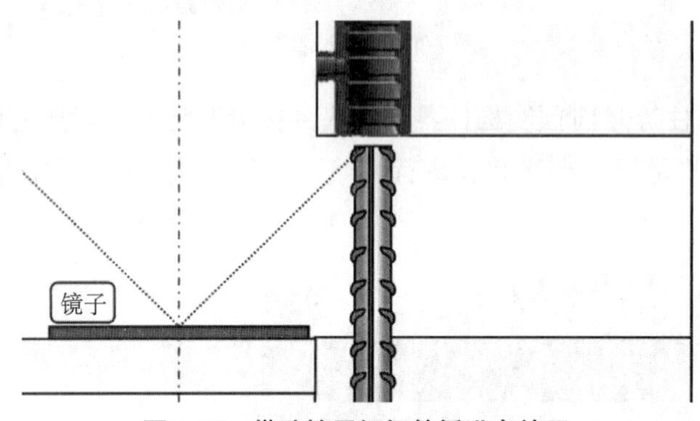

图7-12　借助镜子把钢筋插进套筒里

4）上部和下部预制构件接缝处铺设浆料的办法有以下三种：

① 灌浆前在接缝外沿内侧铺设宽为20 mm、高为30 mm的座浆料实现接缝封堵，将套筒（或波纹管）及接缝处同时灌入灌浆料拌合物，再安装上部的预制构件。

② 将接缝处除套筒部位外先铺设座浆料，待灌浆料拌合物灌入套筒（或波纹管）之后，再安装上部的预制构件。采用这种方式时应采取措施避免座浆料混入套筒（或波纹管）。

③先将套筒（或波纹管）灌满灌浆料拌合物，然后用木板进行接缝封堵（也可以在上部预制构件就位前于接缝外沿内侧铺设宽为20 mm、高为30 mm的座浆料实现接缝封堵），封堵严密后压力灌入灌浆料拌合物。采用这种方式需要有保证灌浆饱满度的方法，如提前精确计算灌浆料拌合物的使用量，或灌浆时设置可以检查灌浆饱满度的出浆观察孔等。

4. 水平钢筋套筒灌浆连接作业

1）将所需数量的梁端箍筋套入其中一根梁的钢筋上，如图7-13所示。

2）在待连接的两端钢筋上套入橡胶密封圈。

图7-13　全灌浆套筒用于梁纵筋连接

3）将灌浆套筒的一端套入其中一根梁的待连接钢筋上，直至不能套入为止。

4）移动另一根梁，将连接端的钢筋插入灌浆套筒中，直至不能伸入为止。

5）将两端钢筋上的密封胶圈嵌入套筒端部，确保胶圈外表面与套筒端面齐平。

6）将套入的箍筋按图纸要求均匀分布在连接部位外侧并逐个绑扎牢固。

7）按照灌浆料厂家提供的水料比及灌浆料搅拌操作规程进行灌浆料的搅拌。

8）对灌浆料拌合物流动度进行检测，记录检测数据。灌浆料拌合物流动度合格后进行下一步操作，否则重复上一步搅拌作业。

9）将搅拌好的灌浆料拌合物装入手动灌浆枪，开始对每个灌浆套筒逐一进行灌浆。

10）采用压浆法从灌浆套筒一侧灌浆孔注入，当灌浆料拌合物在另一侧出浆孔流出时停止灌浆，用堵孔塞封堵灌浆孔和出浆孔，灌浆结束。

11）水平钢筋灌浆应注意以下事项：

① 灌浆套筒灌浆孔和出浆孔应朝上，保证灌满后的灌浆料拌合物高于套筒外表面最高点。

② 灌浆孔和出浆孔应在灌浆套筒水平轴正上方±45°的锥体范围内，并在灌浆孔和出浆孔上安装有孔口超过灌浆套筒外表面最高位置的连接管或接头。

除了上述四种情况外，还有莲藕梁的钢筋穿孔及一些预制构件的定位孔灌浆，如窗下墙定位及某工业厂房项目中梁与柱连接时梁的预先定位等，这类灌浆一般采用重力式灌浆。当与灌浆套筒一并灌浆时，则应采用压力式灌浆。

五、出浆孔封堵

竖向预制构件套筒灌浆时，灌浆料拌合物通过灌浆机连续地被输送至预制构件内，慢慢达到套筒出浆孔高度时，灌浆料拌合物会从出浆孔流出。灌浆料拌合物开始流出时，将堵孔塞倾斜45°放置在出浆孔。待出浆孔流出圆柱状灌浆料拌合物后，将堵孔塞塞紧出浆孔，如图7-14所示。

图7-14　竖向构件塞紧出浆孔

通过水平缝联通腔一次向预制构件的多个套筒灌浆时，应按灌浆料拌合物排出先后顺序依次封堵出浆孔。封堵时灌浆泵一直保持灌浆压力，直至所有出浆孔全部流出圆柱状的灌浆料拌合物，并封堵牢固后再停止灌浆。

六、灌浆孔封堵

竖向预制构件套筒灌浆时，待所有出浆孔流出圆柱体灌浆料拌合物后，将出浆孔按出浆顺序依次封堵，灌浆机持续保持灌浆状态5～10 s，关闭灌浆机。灌浆机灌浆管继续在灌浆孔保持20～25 s后，迅速将灌浆机灌浆管撤离灌浆孔，同时用堵孔塞迅速封堵灌浆孔。

水平钢筋套筒灌浆连接时，当灌浆套筒灌浆孔、出浆孔或与其相连的连接管或连接接头的灌浆料拌合物均高于灌浆套筒外表面最高点时应停止灌浆，并及时用堵孔塞封堵灌浆孔和出浆孔。

七、灌浆作业故障与处理

1. 突然断电或设备出现故障

1）灌浆作业时，发生突然断电，应及时启用备用电源或小型发电机继续灌浆。

2）灌浆作业时，灌浆机突然出现故障，要及时利用备用浆机进行灌浆。

3）如果处理断电或更换灌浆机需要时间过长，要剔除构件接缝封堵材料，冲洗干净已灌入的灌浆料拌合物，重新进行接缝封堵，达到强度后再次进行灌浆。

2. 灌浆失败

在实际操作中一旦出现灌浆失败，要立即停止灌浆作业，并立即用高压水枪把已灌入套筒和构件节点的灌浆料拌合物冲洗干净，具体操作步骤如下：

1）准备一台高压水枪、冲洗用清水和高压水管等。

2）将已经塞进出浆口的堵孔塞全部拨出，同时将接缝封堵材料清除干净。

3）打开高压水枪，将水管插入灌浆套筒的出浆孔，冲洗灌浆料拌合物。

4）持续冲洗套筒内部，直至套筒下口流出清水方可停止冲洗。

5）逐个套筒进行冲洗，切勿漏洗。

6）套筒全部清洗干净后，将构件接缝处冲洗干净。

7）用空压机向冲洗干净的套筒内吹压缩空气，将套筒里面的残留水分吹干。

8）仔细检查套筒内部是否畅通，确认无误后再次进行接缝封堵，并准备重新灌浆。

第三节　灌浆后的保护

一、灌浆过程中成品保护

灌浆过程中，注意对成品的防污保护，在灌浆工序完成后，灌浆搅拌料凝结前，应将构件表面受灌浆搅拌物污染的区域清理干净，保证成品外观质量。

二、灌浆后节点保护

1）灌浆完毕后，由于节点内灌浆料尚未达到强度，需控制构件不受扰动并达到拆支撑模架条件。

2）灌浆后灌浆料同条件试块强度达到35 MPa后方可进入后续施工（扰动）。通常的环境温度有如下要求：

① 15℃以上，24 h内构件不得受扰动。

② 5～15℃，48 h内构件不得受扰动。

③ 5℃以下，视情况而定。如对构件接头部位采取加热保温措施，要保持加热5℃以上至48h，其间构件不得受扰动。拆支撑要根据设计荷载情况确定。

第四节　工完料清

灌浆设备和工具的完好性直接决定了灌浆作业的效率和质量，因此对设备和工具的管理不容忽视。

一、清洗要求

1）灌浆设备和工具的清洗应由专人负责。

2）搅拌设备、灌浆机、手动灌浆器及其他设备、工具在使用完毕后应及时清理、清除残余灌浆料拌合物等，如图7-15所示。

图7-15　作业面清理

3）灌浆作业的试验用具应及时清理，试模应及时刷油保养。

4）清理设备应采用柔软干净的抹布，防止对搅拌桶及设备造成损伤和污染。

5）设备及工具清理干净后应把表面残留的水分擦干净，防止设备生锈。

6）清洗完的设备及工具应及时覆盖，防止其他作业工序对设备及工具造成污染。

7）螺杆式灌浆机宜将螺杆卸掉，单独对螺杆进行清洗。

8）挤压式灌浆机应把软管清洗干净，可以采用与软管直径相同的海绵球来清洗。

二、存放要求

1）灌浆设备和工具的存放应由专人负责。

2）灌浆设备和工具应存放在固定的场所或位置。

3）灌浆设备和工具应摆放整齐，设备工具上严禁放置其他物品。

4）灌浆设备和工具存放时应防止其他作业或因天气原因对其造成损坏和污染。

5）存放设备场所的道路应畅通，方便设备进出。

6）应建立设备、工具存放和使用台账。

三、保养要求

1）灌浆设备和工具应由专人负责管理和保养。

2）应建立灌浆设备和工具保养制度。

3）灌浆设备和工具日常管理应以预防为主，发现问题及时维修。

4）对灌浆设备的易损部件及易损坏的工具应有一定数量的备品备件。

5）建立灌浆设备保养台账，按照说明书的要求对设备及时进行保养。

6）灌浆的计量设备须进行定期校验。

7）灌浆设备所有螺栓、螺母和螺钉应经常检查是否松动，发现松动应及时拧紧。

8）带有减速机的设备3～4个月应更换一次减速机齿轮油。

第八章　拓展知识

第一节　建筑业 10 项新技术——装配式混凝土结构技术

一、装配式混凝土剪力墙结构技术

（一）技术内容

装配式混凝土剪力墙结构是指全部或部分采用预制墙板构件，通过可靠的连接方式后使浇混凝土、水泥基灌浆料形成整体的混凝土剪力墙结构。这是近年来在我国应用最多、发展最快的装配式混凝土结构技术。

国内的装配式剪力墙结构体系主要包括以下 2 种。

1. 高层装配整体式剪力墙结构

装配式剪力墙结构体系中，部分或全部剪力墙采用预制构件，预制剪力墙之间的竖向接缝一般位于结构边缘构件部位，该部位采用现浇方式与预制墙板形成整体，预制墙板的水平钢筋在后浇部位实现可靠连接或锚固；预制剪力墙水平接缝位于楼面标高处，水平接缝处钢筋可采用套筒灌浆连接、浆锚搭接连接或在底部预留后浇区内进行搭接连接的形式。在每层楼面处设置水平后浇带并配置连续纵向钢筋，在屋面处设置封闭后浇圈梁。采用叠合楼板、预制楼梯及预制或叠合阳台板。该结构体系主要用于高层住宅，整体受力性能与现浇剪力墙结构相当，按“等同现浇”设计原则进行设计。

2. 多层装配式剪力墙结构

多层装配式剪力墙结构与高层装配整体式剪力墙结构相比，结构计算可采用弹性方法进行，并可根据实际情况建立分析模型，以建立适用于装配特点的计算与分析方法。

在构造连接措施方面，边缘构件设置及水平接缝的连接均有所简化，降低了剪力墙及边缘构件配筋率、配箍率要求，允许采用预制楼盖和干式连接的做法。

（二）技术指标

高层装配整体式剪力墙结构和多层装配式剪力墙结构的设计应符合《装配式混凝土结构技术规程》（JGJ 1—2014）和《装配式混凝土建筑技术标准》（GB/T 51231—2016）中将装配整体式剪力墙结构的最大适用高度与现浇结构相比适当降低。装配整体式剪力墙结构的高宽比限值，与现浇结构基本一致。

作为混凝土结构的一种类型，装配式混凝土剪力墙结构在设计和施工中应符合《混凝土结构设计规范》（GB 50010—2010）、《混凝土结构施工规范》（GB 50666—2011）、《混凝土结构工程施工质量验收规范（2015 年版）》（GB 50204—2015）中各项基本规定；若房屋层数为 10 层及 10 层以上或者高度大于 28 m，还应该参照《高层建筑混凝土结构技术规程》（JGJ 3—2010）中关于剪力墙结构的一般规定。

针对装配式混凝土剪力墙结构的特点，结构设计中还应该注意以下基本要求：

应采取有效措施加强结构的整体性。装配整体式剪力墙结构是在选用可靠的预制构件受力钢筋连接技术的基础上，采用预制构件与后浇混凝土相结合的方法，通过连接节点的合理构造，将预制构件连接成一个整体，保证其具有与现浇混凝土结构基本等同的承载能力和变形能力，达到与现浇混凝土结构等同的设计目标。其整体性主要体现在预制构件之间、预制构件与后浇混凝土之间的连接节点上，包括接缝混凝土粗糙面及键槽的处理、钢筋连接锚固技术、各类附加钢筋、构造钢筋的使用等。

装配式混凝土结构的材料宜采用高强钢筋与适宜的高强混凝土。预制构件在工厂生产，可进行蒸汽养护，对于混凝土的强度、抗冻性及耐久性有显著提升，方便高强混凝土技术的使用，且可以提早脱模提高生产效率；采用高强混凝土可以减小构件截面尺寸，便于运输吊装。采用高强钢筋，可以减少钢筋数量，简化连接节点，便于施工，降低成本。

装配式结构的节点和接缝应受力明确、构造可靠，一般采用经过充分的力学性能试验研究、施工工艺试验和实际工程检验的节点。节点和接缝的承载力、延性和耐久性等一般通过对构造、施工工艺进行严格要求来满足，必要时单独对节点和接缝的承载力进行验算。若采用相关标准、图集中均未提及的新型节点连接构造，应进行必要的技术研究与试验验证。

装配整体式剪力墙结构中预制构件合理的接缝位置、尺寸及形状设计是十分重要的，应以模数化、标准化为设计工作基本原则。接缝对建筑功能、建筑平立面、结构受力状况、预制构件承载能力、制作安装、工程造价等都会产生一定的影响。设计时应满足建筑模数协调、建筑物理性能、结构和预制构件的承载能力、便于施工和进行质量控制等多项要求。

（三）适用范围

装配式混凝土剪力墙结构技术适用于抗震设防烈度为 6～8 度的地区，装配整体式剪力墙结构可用于高层居住建筑，多层装配式剪力墙结构可用于低、多层居住建筑。

二、装配式混凝土框架结构技术

（一）技术内容

装配式混凝土框架结构包括装配整体式混凝土框架结构及其他装配式混凝土框架结构。装配整体式混凝土框架结构是指全部或部分框架梁、柱采用预制构件通过可靠的连接方式装配而成，连接节点处采用现场后浇混凝土、水泥基灌浆料等方式将构件连成整体的混凝土结构。其他装配式框架是指各类干式连接的框架结构，主要与剪力墙、抗震支撑等配合使用。

装配整体式框架结构可采用与现浇混凝土框架结构相同的方法进行结构分析，其承载力极限状态及正常使用极限状态的作用效应可采用弹性分析法确定。在结构内力与位移计算时，对现浇楼盖和叠合楼盖，均可假定楼盖在其平面为无限刚性。装配整体式框架结构构件和节点的设计均可按与现浇混凝土框架结构相同的方法进行，此外，应对叠合梁端竖向接缝、预制柱柱底水平接缝部位进行受剪承载力验算，并对预制构件在短暂设计状况下进行验算，同时应通过合理的结构布置，避免预制柱的水平接缝产生拉力。

装配整体式框架主要包括框架节点后浇和框架节点预制两大类：框架节点后构件在梁柱节点处通过后浇混凝土连接，预制构件为一字形；而后者的连接节点位于框架柱、框架梁中部，预制构件有十字形、T 形、一字形等形状且包含节点，由于预制框架节点制作、运输、现场安装难度较大，现阶段工程较少采用。

装配整体式框架结构连接节点设计时，应合理确定梁和柱的截面尺寸以及钢筋的数量、间距位置等，钢筋的锚固与连接应符合国家现行标准相关规定，并考虑构件钢筋的碰撞问题以及构件的安装顺序，确保装配式结构的易施工性。装配整体式框架结构中，预制柱的纵向钢筋可采用套筒灌浆、机械冷挤压等连接方式。当梁柱节点现浇时，叠合框架梁纵向受力钢筋应伸入后浇节点区锚固或连接，其下部的纵向受力钢筋也可伸至节点区外的后浇段内进行连接。当叠合框架梁对接连接时，梁下部纵向钢筋在后浇段内宜采用机械连接、套筒灌浆连接或焊接等连接形式。叠合框架梁的箍筋可采用整体封闭或组合封闭的形式。

（二）技术指标

装配式框架结构的构件及结构的安全性与质量应满足《装配式混凝土结构技术规程》（JGJ 1—2014）、《装配式混凝土建筑技术标准》（GB/T 51231—2016）、《混凝土结构设计规范（2015 年版）》（GB 50010—2010）、《混凝土结构工程施工规范》（GB 50666—2011）、《混凝土结构工程施工质量验收规范》（GB 50204—2015）以及《预制预应力混凝土装配整体式框架结构技术规程》（JGJ 224—2010）等的有关规定。当采用钢筋机械连接技术时，应符合《钢筋机械连接应用技术规程》（JGJ 107—2016）的规定；当采用钢筋套筒灌浆连接技术时，应符合《钢筋套筒灌浆连接应用技术规程》（JGJ 355—2015）的规定；当钢筋采用锚固板的方式锚固时，应符合《钢筋锚固板应用技术规程》（JGJ 256—2011）的规定。

装配整体式框架结构的关键技术指标如下：

1）装配整体式框架结构房屋的最大适用高度与现浇混凝土框架结构适用高度基本相同。

2）装配式混凝土框架结构宜采用高强混凝土、高强钢筋，框架梁和框架柱的纵向钢筋尽量选用大直径钢筋，以减少钢筋数量，拉大钢筋间距，有利于提高装配施工效率，保证施工质量，降低成本。

3）当房屋高度大于 12 m 或层数超过 3 层时，预制柱宜采用套筒灌浆连接，包括全灌浆套筒和半灌浆套筒。矩形预制柱截面宽度或圆形预制柱直径不宜小于 400 mm，且不宜小于同方向梁宽的 1.5 倍；预制柱的纵向钢筋在柱底采用套筒灌浆连接时，柱箍筋加密区长度不应小于纵向受力钢筋连接区域长度与 500 mm 之和；当纵向钢筋的混凝土保护层厚度大于 50 mm 时，宜采取增设钢筋网片等措施控制裂缝宽度以及防止受力过程中的混凝土保护层剥离脱落。当采用叠合框架梁时，后浇混凝土叠合层厚度不宜小于 150 mm，抗震等级为一级、二级叠合框架梁的梁端箍筋加密区宜采用整体封闭箍筋。

4）采用预制柱及叠合梁的装配整体式框架时，柱底接缝宜设置在楼面标高处，且后浇节点区混凝土上表面应设置粗糙面。柱纵向受力钢筋应贯穿后浇节点区，柱底接缝厚度为 20 mm，并应用灌浆料填实。装配式框架节点，包括中间层中节点、中间层端节点、顶层中节点和顶层端节点，框架梁和框架柱的纵向钢筋的锚固和连接可采用与现浇框架结构节点相同的方式，对于顶层端节点还可采用柱伸出屋面并将柱纵向受力钢筋锚固在伸出段内的方式。

（三）适用范围

装配整体式混凝土框架结构技术可用于 6～8 度抗震设防地区的公共建筑、居住建筑以及工业建筑。除 8 度抗震地区（0.3g）外，装配整体式混凝土结构房屋的最大适用高度与现浇混凝土结构相同。其他装配式混凝土框架结构主要适用于各类低层和多层居住建筑、公共建筑与工业建筑。

三、混凝土叠合楼板技术

（一）技术内容

混凝土叠合楼板技术将楼板沿厚度方向分成两部分，底部是预制底板，上部是后浇混凝土叠合层。底部配置钢筋的预制底板作为楼板的一部分，在施工阶段作为后浇混凝土叠合层的模板承受荷载，与后浇混凝土层形成整体的叠合混凝土构件。

混凝土叠合楼板按具体受力状态，分为单向受力叠合板和双向受力叠合板；预制底板按有无外伸钢筋可分为“有胡子筋”和“无胡子筋”；拼缝按照连接方式可分为分离式接缝（即底板间不拉开的“密拼”）和整体式接缝（底板间有后浇混凝土带）。

预制底板按照受力钢筋种类可以分为预制混凝土底板和预制预应力混凝土底板：预制混凝土底板采用非预应力钢筋时，为了增强刚度目前多采用桁架钢筋混凝土底板；预制预应力混凝土底板分为预应力混凝土平板和预应力混凝土带肋板、预应力混凝土空心板。

跨度大于 3 m 时预制底板宜采用桁架钢筋混凝土底板或预应力混凝土平板，跨度大于 6 m 时预制底板宜采用预应力混凝土带肋底板、预应力混凝土空心板，叠合楼板厚度大于 180 mm 时宜采用预应力混凝土空心叠合板。

保证叠合面上下两侧混凝土共同承载、协调受力是预制混凝土叠合楼板设计的关键，一般通过叠合面的粗糙度以及界面抗剪构造钢筋实现。

施工阶段是否设置可靠支撑决定了叠合板设计的计算方法。设置可靠支撑的叠合板，预制构件在后浇混凝土重量及施工荷载下，不会发生影响内力的变形，按整体受弯构件进行计算；无支撑的叠合板，二次成形浇筑混凝土的重量及施工荷载影响了构件的内力和变形，应按二阶段受力的叠合构件进行计算。

（二）技术指标

1）预制混凝土叠合楼板的设计及构造要求应符合《混凝土结构设计规范（2015 年版）》（GB 50010—2010）、《装配式混凝土结构技术规程》（JGJ 1—2014）、《装配式混凝土建筑技术标准》（GB/T 51231—2016）的相关要求；预制底板制作、施工及短暂设计状况设计应符合《混凝土结构工程施工规范》（GB 50666—2011）的相关要求；施工验收应符合《混凝土结构工程施工质量验收规范》（GB 50204—2015）的相关要求。

2）相关国家建筑标准设计图集包括《桁架钢筋混凝土叠合板（60 mm 厚底板）》（15G366-1）、《预制带肋底板混凝土叠合板》（14G443）、《预应力混凝土叠合板（50 mm、60 mm 实心底板）》（06SG439-1）。

3）预制混凝土底板的混凝土强度等级不宜低于 C30；预制预应力混凝土底板的混凝土强度等级不宜低于 C40；后浇混凝土叠合层的混凝土强度等级不宜低于 C25。

4）预制底板厚度不宜小于 60 mm，后浇混凝土叠合层厚度不应小于 60 mm。

5）预制底板和后浇混凝土叠合层之间的结合面应设置成粗糙面，其面积不宜小于结合面的 80%，凹凸深度不应小于 4 mm；桁架钢筋的预制底板，设置成自然粗糙面即可。

6）预制底板跨度大于 4 m，或用于悬挑板及相邻悬挑板上部纵向钢筋在悬挑层内锚固时，应设置桁架钢筋或设置其他形式的抗剪构造钢筋。

7）预制底板采用预制预应力底板时，应采取控制反拱的可靠措施。

（三）适用范围

混凝土叠合楼板技术适用于各类房屋中的楼盖结构，特别适用于住宅及各类公共建筑。

四、预制混凝土外墙挂板技术

（一）技术内容

预制混凝土外墙挂板是安装在主体结构上起围护、装饰作用的非承重预制混凝土外墙板，简称外墙挂板。外墙挂板按构件构造可分为钢筋混凝土外墙挂板、预应力混凝土外墙挂板两种形式；按与主体结构连接节点构造可分为点支承连接、线支承连接两种形式；按保温形式可分为无保温、外保温、夹心保温三种；按建筑外墙功能定位可分为围护墙板和装饰墙板。各类外墙挂板可根据工程需要与外装饰、保温、门窗结合形成一体化预制墙板系统。

预制混凝土外墙挂板可采用面砖饰面、石材饰面、彩色混凝土饰面、清水混凝土饰面、露骨料混凝土饰面及表面带装饰图案的混凝土饰面等类型，可使建筑外墙具有独特的表现力。

预制混凝土外墙挂板在工厂采用工业化方式生产，具有施工速度快、质量好、维修费用低的优点，主要包括预制混凝土外墙挂板（建筑和结构）设计技术、预制混凝土外墙挂板加工制作技术和预制混凝土外墙挂板安装施工技术。

（二）技术指标

支承预制混凝土外墙挂板的结构构件应具有足够的承载力和刚度，民用外墙挂板仅限跨越一个层高和一个开间，厚度不宜小于 100 mm，混凝土强度等级不低于 C25，主要技术指标如下：

1）结构性能应满足《混凝土结构设计规范（2015 年版）》（GB 50010—2010）和《混凝土结构工程施工质量验收规范》（GB 50204—2015）的要求；

2）装饰性能应满足《建筑装饰装修工程质量验收标准》（GB 50210—2018）的要求；

3）保温隔热性能应满足设计及《严寒和寒冷地区居住建筑节能设计标准》（JGJ26—2018）的要求；

4）抗震性能应满足《装配式混凝土结构技术规程》（JGJ 1—2014）、《装配式混凝土建筑技术标准》（GB/T 51231—2016）的要求。与主体结构采用柔性节点连接，结构层间变位性能好，抗震性能满足抗震设防烈度可达 8 度。

5）构件燃烧性能及耐火极限应满足《建筑防火设计规范》（GB 50016—2014）的要求。

6）作为建筑围护结构产品，其定位应与主体结构的耐久性要求一致，即不应低于 50 年使用年限，饰面装饰（涂料除外）及预埋件、连接件等配套材料耐久性使用年限不低于 50 年，其他如防水材料、涂料等应采用 10 年质保期以上的材料，定期维护和更换。

7）外墙挂板防水性能与有关构造应符合国家现行有关标准的规定，并符合《建筑业 10 项新技术（2017 版）》第 8.6 节的有关规定。

（三）适用范围

预制混凝土外墙挂板技术适用于工业与民用建筑的外墙工程，可广泛应用于混凝土框架结构、钢结构的公共建筑、住宅建筑和工业建筑中。

五、夹心保温墙板技术

（一）技术内容

三明治夹心保温墙板（简称夹心保温墙板）是把保温材料夹在两层混凝土墙板（内叶墙、外叶墙）之间形成的复合墙板，可达到增强外墙保温节能性能，减小外墙火灾危险，提高墙板保温寿命，从而减少外墙维护费用的目的。夹心保温墙板一般由内叶墙、保温板、拉接件和外叶墙组成，形成类似于三明治的构造形式，内叶墙和外叶墙一般为钢筋混凝土材料，保温板一般为 B1 或 B2 级的有机保温材料，拉接件一般为高强度 FRP 复合材料或不锈钢材质。夹心保温墙板可广泛应用于预制墙板或现浇墙体中，但预制混凝土外墙更适合采用夹心保温墙板技术。

根据夹心保温外墙的受力特点，可分为非组合夹心保温外墙、组合夹心保温外墙和部分组合夹心保温外墙。其中非组合夹心保温外墙内外叶混凝土受力相互独立，易于计算和设计，适用于各种高层建筑的剪力墙和围护墙；组合夹心保温外墙的内外叶混凝土需要共同受力，一般只适用于单层建筑的承重外墙或作为围护墙；部分组合夹心保温外墙的受力介于组合和非组合之间，受力非常复杂，计算和设计难度较大，其应用方法及范围有待进一步研究。

非组合夹心墙板一般由内叶墙承受所有的荷载作用，外叶墙起到保温材料的保护层作用，两层混凝土之间可以产生微小的相互滑移，保温拉接件对外叶墙的平面内变形约束较小，可以释放外叶墙在温差作用下产生的温度应力，从而避免外叶墙在温度作用下开裂，使得外叶墙、保温板与内叶墙和结构同寿命。我国装配混凝土结构预制外墙主要采用非组合夹心墙板。

夹心保温墙板中的保温拉接件布置应综合考虑墙板生产、施工和正常使用工况下的受力限度和变形影响。

（二）技术指标

夹心保温墙板的设计应该与建筑结构同寿命，墙板中的保温拉接件应具有足够的承载力和变形性能。非组合夹心墙板应遵循外叶墙混凝土在温差变化作用下能够释放温度应力，与内叶墙之间能够形成微小的自由滑移的设计原则。

非组合夹心保温外墙的拉结件在与混凝土共同工作时，承载力安全系数应满足以下要求：对于抗震设防烈度为 7 度和 8 度的地区，考虑地震组合时安全系数不小于 3.0，不考虑地震组合时安全系数不小于 4.0；对于 9 度及以上地区，必须考虑地震组合，承载力安全系数不小于 3.0。

非组合夹心保温墙板的外叶墙在自重作用下垂直位移应控制在一定范围内，内叶墙和外叶墙之间不得有穿过保温层的混凝土连通桥。

夹心保温墙板的热工性能应满足节能要求，拉结件本身应满足力学、锚固及耐久等性能要求，拉结件的产品与设计应用应符合国家现行有关标准。

（三）适用范围

夹心保温墙板技术适用于高层及多层装配式剪力墙结构的外墙、高层及多层装配式框架结构非承重外墙挂板、高层及多层钢结构非承重外墙挂板等，可适用于各类居住与公共建筑。

六、叠合剪力墙结构技术

（一）技术内容

叠合剪力墙结构是指采用两层带格构钢筋（桁架钢筋）的预制墙板，现场安装就位后，在两层板中间浇筑混凝土，辅以必要的现浇混凝土剪力墙、边缘构件、楼板，共同形成的结构。在工厂生产预制构件时，设置桁架钢筋，既可作为吊点，又增加平面外刚度，防止起吊时开裂。在使用阶段，桁架钢筋作为连接墙板的两层预制片与二次浇筑夹心混凝土之间的拉接筋，可提高结构整体性能和抗剪性能，这种连接方式区别于其他装配式结构体系，板与板之间无拼缝，无须做拼缝处理，防水性好。

利用信息技术，将叠合式墙板和叠合式楼板的生产图纸转化为数据格式文件，直接传输到工厂主控系统读取相关数据，并通过全自动流水线，辅以机械支模手进行构件生产，所需人工少，生产效率高，构件精度达毫米级。同时，构件形状可自由变化，在一定程度上解决了模数化限制的问题，突破了个性化设计与工业化生产的矛盾。

（二）技术指标

叠合剪力墙结构采用与现浇剪力墙结构相同的方法进行结构分析与设计，其主要力学技术指标与现浇混凝土结构相同，但当同一层内既有预制又有现浇抗侧力构件时，宜对现浇抗侧力构件在地震作用下的弯矩和剪力乘以不小于 1.1 的增大系数以应对地震状况。高层叠合剪力墙结构其建筑高度、规则性、结构类型应满足《装配式混凝土建筑技术标准》（GB/T 51231—2016）等规范标准要求。

结构与构件的设计应满足《建筑结构荷载规范》（GB 50009—2012）、《建筑抗震设计规范（2016 年版）》（GB 50011—2010）、《混凝土结构设计规范（2015 年版）》（GB 50010—2010）和《装配式混凝土建筑技术标准》（GB/T 51231—2016）等的要求。

（三）适用范围

叠合剪力墙结构技术适用于抗震设防烈度为 6～8 度的多层、高层建筑，包含工业与民用建筑。除了地上，本技术结构体系具有良好的整体性和防水性能，还适用于地下工程，包含地下室、地下车库、地下综合管廊等。

七、预制预应力混凝土构件技术

（一）技术内容

预制预应力混凝土构件是指通过工厂生产并采用先张预应力技术的各类水平构件和竖向构件，主要包括预制预应力混凝土空心板、预制预应力混凝土双 T 板、预制预应力梁及预制预应力墙板等。各类预制预应力水平构件可形成装配式或装配整体式楼盖，空心板、双 T 板可以不设置后浇混凝土层，也可根据使用要求与结构受力要求设置后浇混凝土层。预制预应力梁可为叠合梁，也可为非叠合梁。预制预应力墙板可应用于各类公共建筑于工业建筑中。

预制预应力混凝土构件的优势在于采用高强预应力钢丝、钢绞线，可以节约钢筋和混凝土用量，并降低楼盖结构高度，施工阶段普遍不设支撑从而节约支模费用，综合经济效益显著。预制预应力混凝土构件组成的楼盖具有承载能力大、整体性好、抗裂度高等优点，完全符合“四节一环保”的绿色施工标准以及建筑工业化的发展要求。预制预应力技术可增加墙板的长度，有利于实现“多层一墙板”。

（二）技术指标

1）预应力混凝土空心板的标志宽度为 1.2 m，也有 0.6 m、0.9 m 等其他宽度；标准板高 100 mm、120 mm、150 mm、180 mm、200 mm、250 mm、300 mm、380 mm 等；不同截面高度能够满足的板轴跨度为 3～18 m。

2）预应力混凝土双 T 板有双 T 坡板和双 T 平板两种，坡板的标志宽度为 2.4 m、3.0 m 等，坡板的标志跨度为 9 m、12 m、15 m、18 m、21 m、24 m 等；平板的标志宽度为 2.0 m、2.4 m、3.0 m 等，平板的标志跨度为 9 m、12 m、15 m、18 m、21 m、24 m 等。

3）预应力混凝土梁跨度根据工程确定，在工业建筑中多为 6 m、7.5 m、9 m。

4）预应力混凝土墙板多为固定宽度（1.5 m、2.0 m、3.0 m 等），长度根据柱距或层高确定。

根据工程需要，也可采用非标跨度、宽度的构件，采用单独设计的方法即可。

预制预应力混凝土板的生产、安装、施工应满足《混凝土结构设计规范（2015 年版）》（GB 50010—2010）、《混凝土结构工程施工质量验收规范》（GB 50204—2015）、《装配式混凝土结构技术规程》（JGJ 1—2014）的有关规定。工程应用时可以根据《预应力混凝土圆孔板》（03SG435-1～2）、《SP 预应力空心板》（05SG408）、《预应力混凝土双 T 板（坡板宽度 2.4 m、3.0 m；平板宽度 2.0 m、2.4 m、3.0 m）》（08SG432-1），《大跨度预应力空心板（跨度 4.2～18.0 m）》（13G440）等的要求，直接选用预制构件，也可根据工程情况单独设计。

（三）适用范围

预制预应力混凝土构件技术广泛适用于各类工业与民用建筑中。预应力混凝土空心板可用于混凝土结构、钢结构建筑中的楼盖与外墙挂板，预应力混凝土双 T 板多用于公共建筑、工业建筑的楼盖、屋盖，其中双 T 坡板仅用于屋盖，9 m 以内跨度楼盖可采用预应力空心板（SP 板）+后浇叠合层的叠合楼盖，9 m 以内的超重载及 9 m 以上的楼盖，采用预应力混凝土双 T 板+后浇叠合层的叠合楼盖。预制预应力梁截面可为矩形、花篮梁或 L 形、倒 T 形，便于与预应力混凝土双 T 板和空心板连接。

八、钢筋套筒灌浆连接技术

（一）技术内容

钢筋套筒灌浆连接技术是带肋钢筋插入内腔为凹凸表面的灌浆套筒，通过向套筒与钢筋的间隙灌注专用高强水泥基灌浆料，灌浆料凝固后将钢筋锚固在套筒内将预制构件用钢筋连接。该技术将灌浆套筒预埋在混凝土构件内，在安装现场从预制构件外通过注浆管将灌浆料注入套筒，来完成预制构件钢筋的连接，是预制构件中受力钢筋连接的主要形式，主要用于各种装配整体式混凝土结构的受力钢筋连接。

钢筋套筒灌浆连接接头由钢筋、灌浆套筒、灌浆料三种材料组成，其中灌浆套筒分为半灌浆套筒和全灌浆套筒，半灌浆套筒的接头一端为灌浆连接，另一端为机械连接。

钢筋套筒灌浆连接施工流程主要包括：预制构件在工厂完成套筒与钢筋的连接、套筒在模板上的安装固定和进出浆管道与套筒的连接，在建筑施工现场完成构件安装、灌浆腔密封、灌浆料加水拌和及套筒灌浆。

竖向预制构件的受力钢筋连接可采用半灌浆套筒或全灌浆套筒。构件宜采用连通腔灌浆方式，并应合理划分联通腔区域。构件也可采用单个套筒独立灌浆，构件就位前水平缝处应设置座浆层。套筒灌浆连接应用经接头型式检验确认的与套筒相匹配的灌浆料，使用与材料工艺配套的灌浆设备，以压力灌浆方式将灌浆料从套筒下方的进浆孔灌入，从套筒上方出浆孔流出，及时封堵进出浆孔，确保套筒内有效连接部位的灌浆料填充密实。

水平预制构件纵向受力钢筋在现浇带处连接可采用全灌浆套筒。套筒安装到位后，套筒注浆孔和出浆孔应位于套筒上方，使用单套筒灌浆专用工具或设备进行压力灌浆，灌浆料从套筒一端进浆孔注入，从另一端出浆口流出后，进浆孔、出浆孔接头内灌浆料浆面均应高于套筒外表面最高点。

套筒灌浆施工后，灌浆料同条件养护试件的抗压强度达到 35 MPa 后，方可进行对接头有扰动的后续施工。

（二）技术指标

钢筋套筒灌浆连接技术的应用须满足《装配式混凝土技术规程》（JGJ 1—2014）、《钢筋套筒灌浆连接应用技术规程》（JGJ 355—2015）和《装配式混凝土建筑技术标准》（GB/T 51231—2016）的相关规定。钢筋套筒灌浆连接的传力机理比传统机械连接更复杂，《钢筋套筒灌浆连接应用技术规程》对钢筋套筒灌浆连接接头性能、型式检验、工艺检验、施工与验收等进行了专门要求。

灌浆套筒按加工方式分为铸造灌浆套筒和机械加工灌浆套筒。铸造灌浆套筒宜选用球墨铸铁，机械加工套筒宜选用优质碳素结构钢、低合金高强度结构钢、合金结构钢或其他经过接头型式检验的符合要求的钢材。

灌浆套筒的设计、生产和制造应符合《钢筋连接用灌浆套筒》（JG/T 398—2019）的相关规定，专用水泥基灌浆料应符合《钢筋连接用套筒灌浆料》（JG/T 408—2019）的各项要求。当采用其他材料的灌浆套筒时，套筒性能指标应符合有关产品的标准规定。

套筒材料主要性能指标：球墨铸铁灌浆套筒的抗拉强度不小于 550 MPa，断后伸长率不小于 5%，球化率不小于 85%；各类钢制灌浆套筒的抗拉强度不小于 600 MPa，屈服强度不小于 355 MPa，断后伸长率不小于 16%；其他材料套筒符合有关产品标准要求。

灌浆料主要性能指标：初始流动度不小 300 mm；30 min 流动度不小于 260 mm；1 d 抗压强度不小于 35 Mpa；28 d 抗压强度不小于 85 MPa。

套筒材料在满足断后伸长率等指标时，可采用抗拉强度超过 600 MPa（如 900 MPa、1 000 MPa）的材料，以减小套筒壁厚和外径尺寸，也可根据生产工艺采用其他强度的钢材。灌浆料在满足流动度等指标时，可采用抗压强度超过 85 MPa（如 110 MPa、130 MPa）的材料，以便于连接大直径钢筋和高强钢筋并缩短灌浆套筒长度。

（三）适用范围

钢筋套筒灌浆连接技术适用于装配整体式混凝土结构中直径 12～40 mm 的 HRB 400、HRB 500 钢筋的连接，包括：预制框架柱和预制梁的纵向受力钢筋、预制剪力墙竖向钢筋等的连接，也可用于既有结构改造现浇结构竖向及水平钢筋的连接。

九、装配式混凝土结构建筑信息模型应用技术

（一）技术内容

利用建筑信息模型（BIM）技术，实现装配式混凝土结构的设计、生产、运输、装配、运维的信息交互和共享，实现装配式建筑全过程一体化协同工作。应用 BIM 技术，装配式建筑、结构、机电、装饰装修全专业协同设计，实现建筑、结构、机电、装修一体化；设计 BIM 模型直接对接生产、施工，实现设计、生产、施工一体化。

（二）技术指标

建筑信息模型（BIM）技术指标主要有支撑全过程 BIM 平台技术、设计阶段模型精度、各类型部品部件参数化程度、构件标准化程度、设计直接对接工厂生产系统 CAM 技术以及基于 BIM 与物联网技术的装配式施工现场信息管理平台技术。装配式混凝土结构设计应符合《装配式混凝土建筑技术标准》（GB/T 51231—2016）、《装配式混凝土结构技术规程》（JGJ 1—2014）和《混凝土结构设计规范（2015 年版）》（GB 50010—2010）等的有关要求，也可选用《预制混凝土剪力墙外墙板》（15G365-1）、《预制钢筋混凝土阳台板、空调板及女儿墙》（15G368-1）等进行参考。

除上述各项规定外，针对建筑信息模型技术的特点，装配式建筑全过程使用 BIM 技术应用还应注意以下关键技术内容：

1）搭建模型时，应采用统一标准格式的各类型构件文件，且各类型构件文件应按照固定、规范的插入方式，放置在模型的合理位置。

2）预制构件出图排版设计阶段，应结合构件类型和尺寸，按照相关图集要求进行图纸排版，尺寸标注、辅助线段和文字说明，采用统一标准格式，并满足《建筑制图标准》（GB/T 50104—2000）和《建筑结构制图标准》（GB/T 50105—2010）的要求。

3）预制构件生产应设计 BIM 模型，采用“BIM+MES+CAM”技术，实现工厂自动化钢筋生产、构件加工；应用二维码技术、RFID 芯片等可靠的识别与管理技术及工厂生产管理系统，实现可追溯的全过程质量管控。

4）应用“BIM+物联网+GPS”技术，进行装配式预制构件运输过程追溯管理、施工现场可视化指导堆放、吊装等，实现装配式建筑可视化施工现场信息管理。

（三）适用范围

装配式混凝土结构建筑信息模型应用技术的适用范围如下：

1）装配式剪力墙结构：预制混凝土剪力墙外墙板，预制混凝土剪力墙叠合板，预制钢筋混凝土阳台板、空调板及女儿墙等构件的深化设计、生产、运输与吊装。

2）装配式框架结构：预制框架柱、预制框架梁、预制叠合板、预制外挂板等构件的深化设计、生产、运输与吊装。

3）异形构件的深化设计、生产、运输与吊装：异形构件分为结构形式异形构件和非结构形式异形构件，结构形式异形构件包括坡屋面、阳台等；非结构形式异形构件包括排水檐沟、建筑造型等。

十、预制构件工厂化生产加工技术

（一）技术内容

预制构件工厂化生产加工技术是采用自动化流水线、机组流水线、长线台座生产线生产标准定型预制构件并兼顾异型预制构件，采用固定台模线生产房屋建筑预制构件，满足预制构件的批量生产加工和集中供应要求的技术。

工厂化生产加工技术包括预制构件工厂规划设计、各类预制构件生产工艺设计、预制构件模具方案设计及其加工技术、钢筋制品机械化加工和成型技术、预制构件机械化成型技术、预制构件节能养护技术以及预制构件生产质量控制技术。

非预应力混凝土预制构件生产技术涵盖混凝土技术、钢筋技术、模具技术、预留预埋技术、浇筑成型技术、构件养护技术，以及吊运、存储和运输技术等，代表构件有桁架钢筋预制板、梁柱构件、剪力墙板构件等。预应力混凝土预制构件生产技术还涵盖先张法和后张有黏结预制构件的生产技术，除了建筑工程中使用的预应力圆孔板、双 T 板、屋面梁、屋架、屋面板等，还包括市政和公路领域的预制桥梁构件等，重点研究预应力生产工艺和质量控制技术。

（二）技术指标

工厂化科学管理、自动化智能生产使质量和品质得到保证和提高；构件外观尺寸加工精度可达±2 mm，混凝土强度标准差不大于 4.0 MPa，预留预埋尺寸精度可达±1 mm，保护层厚度控制偏差±3 mm，通过预应力和伸长值偏差控制保证预应力构件起拱满足设计要求并处于同一水平，构件承载力满足设计和规范要求。

预制构件的几何加工精度控制、混凝土强度控制、预埋件的精度、构件承载力性能、保护层厚度控制、预应力构件的预应力要求等应符合设计（包括标准图集）及有关标准的规定。

预制构件生产的效率指标、成本指标、能耗指标、环境指标和安全指标，应满足有关要求。

（三）适用范围

预制构件工厂化生产加工技术适用于建筑工程中各类钢筋混凝土和预应力混凝土预制构件。

第二节　信息化技术

一、基于智能化的装配式混凝土建筑产品生产与施工管理信息技术

（一）定义

基于智能化的装配式混凝土建筑产品生产与施工管理信息技术，是在装配式混凝土建筑产品生产和施工过程中，应用 BIM、物联网、云计算、工业互联网、移动互联网等信息化技术，实现装配式混凝土建筑的工厂化生产、装配化施工、信息化管理。通过对装配式混凝土建筑产品生产过程中的深化设计、材料管理、产品制造环节进行管控，以及对施工过程中的产品进场管理、现场堆场管理、施工预拼装管理环节进行管控，实现生产过程和施工过程的信息共享，确保生产环节的产品质量和施工环节的效率，提高装配式混凝土建筑产品生产和施工管理的水平。

（二）技术内容

1）建立协同工作机制，明确协同工作流程和成果交付内容，并建立与之相适应的生产、施工全过程管理信息平台，实现跨部门、跨阶段的信息共享。

2）深化设计：依据设计图纸结合生产制造要求建立深化设计模型，并将模型交付给制造环节。

3）材料管理：利用物联网条码技术对物料进行统一标志，通过对材料收、发、存、领、用、退全过程的管理，实现可视化的仓储堆垛管理和多维度的质量追溯管理。

4）产品制造：统一人员、工序、设备等的编码，按产品类型建立自动化生产线，对设备进行联网管理，能按工艺参数执行制造工艺，并反馈生产状态，实现生产状态的可视化管理。

5）产品进场管理：利用物联网条码技术可实现产品质量的全过程追溯，可在 BIM

模型当中按产品批次查看产品进场进度，实现可视化管理。

6）现场堆场管理：利用物联网条码技术对产品进行统一标记，合理利用现场堆场空间，实现产品堆垛管理的可视化。

7）施工预拼装管理：利用 BIM 技术对产品进行预拼装模拟，减少并纠正拼装误差，提高装配效率。

（三）技术指标

1）管理信息平台能对深化设计、材料管理、生产工序的情况进行集中管控，能在施工环节中利用生产环节的相关信息对产品生产质量进行监管，并能通过施工预拼装管理提高施工装配效率。

2）在深化设计环节按照各专业（如预制混凝土、钢结构等）深化设计标准（要求）统一产品编码，采用专业深化设计软件开展深化设计工作，达到生产要求的设计深度，并向下游交付。

3）在材料管理环节按照各专业（如预制混凝土、钢结构等）的物料分类标准（要求）统一物料编码。进行材料的收、发、存、领、用、退全过程信息化管理，应用物联网条码、RFID 条码等技术绑定材料和仓库库位，采用扫描枪、手机等移动设备采集现场条码信息，依据材料仓库仿真地图实现材料堆垛可视化管理，通过对材料的生产厂家、尺寸外观、规格型号等多维度信息的管理，实现质量控制的可追溯。

4）在产品制造环节按照各专业（如预制混凝土、钢结构等）生产标准（要求）统一人员、工序、设备等的编码。制造厂应用工业互联网建立网络传输体系，利用能支持到工序级的设备，实现自动化的生产制造。

5）采用 BIM 技术、计算机辅助工艺规划（CAPP）、工艺路线仿真等工具制作工艺文件，并能将工艺参数通过制造厂工业物联网体系传输给对应设备（如将切割程序传输给切割设备），各工序的生产状态可通过人员报工、条码扫描或设备自动采集等手段进行采集上传。

6）在产品进场管理环节应用物联网技术，采用扫描枪、手机等移动设备扫描产品条码、RFID 条码，将产品信息自动传输到管理信息平台，进行产品质量的可追溯管理。并可按照施工安装计划在 BIM 模型中直观查看各批次产品的进场状态，对项目进度进行管控。

7）在现场堆场管理环节应用物联网条码、RFID 条码等技术绑定产品信息和产品库位信息，采用扫描枪、手机等移动设备实现现场条码信息的采集，依据产品仓库仿真地图实现产品堆垛可视化管理，合理利用现场堆场空间。

8）在施工预拼装管理环节采用 BIM 技术对需要预拼装的产品进行虚拟预拼装分析，通过模型或者输出报表等方式查看拼装误差，在地面完成偏差调整，降低预拼装成本，提高装配效率。

9）可采取云部署的方式，提高信息资源的利用率，降低信息资源的使用成本。

10）应具备与相关信息系统集成的能力。

（四）应用范围

基于智能化的装配式混凝土建筑产品生产与施工管理信息技术可应用于装配式混凝土建筑产品生产过程中的深化设计、材料管理、产品制造环节，以及施工过程中的产品进场管理、现场堆场管理、施工预拼装管理环节。

二、基于BIM的现场施工管理信息技术

（一）定义

基于BIM的现场施工管理信息技术是指利用BIM技术，借助移动互联网技术实现施工现场可视化、虚拟化的协同管理。在施工阶段结合施工工艺及现场管理需求对设计阶段施工图模型进行信息添加、更新和完善，以得到满足施工需求的施工模型。依托标准化项目管理流程，结合移动应用技术，通过基于施工模型的深化设计，以及场布、施组、进度、材料、设备、质量、安全、竣工验收等管理应用，实现施工现场信息高效传递和实时共享，提高施工管理水平。

（二）技术内容

1）深化设计：基于施工BIM模型并结合施工操作规范与施工工艺，进行建筑、结构、机电设备等专业的综合碰撞检查，解决各专业碰撞问题，完成施工优化设计，完善施工模型，提升施工各专业的合理性、准确性和可校核性。

2）场布管理：基于施工BIM模型对施工各阶段的场地地形、既有设施、周边环境、施工区域、临时道路及设施、加工区域、材料堆场、临水临电、施工机械、安全文明施工设施等进行规划布置和分析优化，以实现场地布置的科学合理性。

3）施组管理：基于施工BIM模型，结合施工工序、工艺等要求，进行施工过程的可视化模拟，并对方案进行分析和优化，提高方案审核的准确性，实现施工方案的可视化交底。

4）进度管理：基于施工BIM模型，通过计划进度模型（可以通过Project等相关软件编制进度文件，生成进度模型）和实际进度模型的动态链接，将计划进度和实际进度进行对比，找出差异，分析原因，BIM 4D进度管理可以直观地实现对项目进度的虚拟控制与优化。

5）材料、设备管理：基于施工BIM模型，可动态分配各种施工资源和设备，并输出相应的材料、设备需求信息，与材料、设备实际消耗信息进行比对，实现施工过程中材料、设备的有效控制。

6）质量、安全管理：基于施工BIM模型，对工程质量、安全关键控制点进行模拟

仿真以及方案优化。利用移动设备对现场工程质量、安全进行检查与验收，实现质量、安全管理的动态跟踪与记录。

7）竣工管理：基于施工 BIM 模型，将竣工验收信息添加到模型，并按照竣工要求进行修正，进而形成竣工 BIM 模型，作为竣工资料的重要参考依据。

（三）技术指标

1）利用 BIM 技术的设计模型，结合施工工艺及现场管理需求进行深化设计和调整，形成施工 BIM 模型，实现 BIM 模型在设计与施工阶段的无缝衔接。

2）运用的 BIM 技术应具备可视化、可模拟、可协调等能力，实现施工模型与施工阶段实际数据的关联，进行建筑、结构、机电设备等各专业在施工阶段的综合碰撞检查、分析和模拟。

3）采用的 BIM 施工现场管理平台应具备角色管控、分级授权、流程管理、数据管理、模型展示等功能。

4）通过物联网技术自动采集施工现场实际进度的相关信息，实现与项目计划进度的虚拟比对。

5）利用移动设备，可即时采集图片、视频信息，并自动上传到 BIM 施工现场管理平台，责任人员在移动端即时得到整改通知、整改回复的提醒，实现质量管理任务在线分配、处理过程及时跟踪的闭环管理要求。

6）运用 BIM 技术，实现危险源的可视标记、定位、查询分析。安全围栏、标志牌、遮拦网等需要进行安全防护和警示的地方在模型中进行标记，提醒现场施工人员安全施工。

7）应具备可与其他系统集成的能力。

（四）应用范围

基于 BIM 的现场施工管理信息技术适用于装配式混凝土建筑工程项目施工阶段的深化、场布、施组、进度、材料、设备、质量、安全等业务管理环节的现场协同动态管理。

三、BIM 技术的应用

（一）BIM 技术的定义及应用范围

1. BIM 技术的定义

BIM 即建筑信息模型（Building Information Model），是指在建设工程及设施全生命期内，对其物理和功能特性进行数字化表达，并依此设计、施工、运营的过程和结果的总称，简称模型。现阶段，国内常采用的主流建模软件有 Revit、Revit+Extensions、

Navisworks，可实现建筑全专业的 BIM 设计、装配式混凝土构件拆分 BIM 设计、与主流结构计算软件对接、BIM 模型文件轻量化、钢筋 BIM 模型碰撞检查等功能。

2. BIM 技术的应用范围

BIM 技术可用于装配式混凝土建筑的设计、加工、运输及施工，如图 8-1 所示。

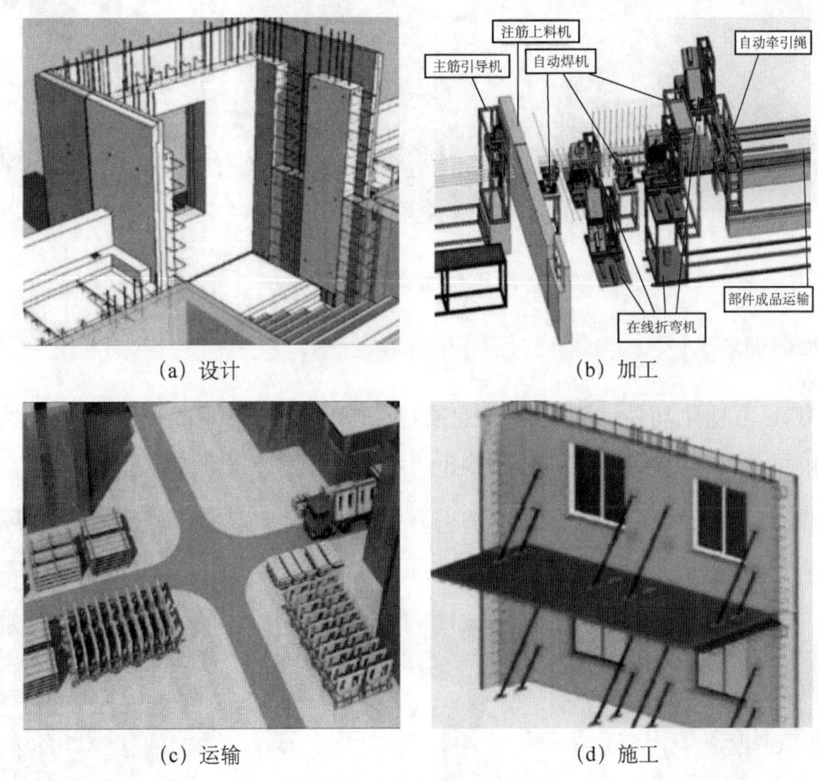

(a) 设计　(b) 加工　(c) 运输　(d) 施工

图 8-1　BIM 技术的应用

1）设计：利用 BIM 技术可视化、模拟化特点辅助项目全过程的设计，解决构件设计过程中的错漏碰缺。

2）加工：利用 BIM 技术进行构件的精确建模，保证构件加工过程的高效性和准确性。

3）运输：利用 BIM 技术进行项目构件运输过程的追踪和场地布置的模拟。

4）施工：利用 BIM 技术模拟施工过程，提高施工效率，减少施工差错，辅助安全管理。

（二）BIM 技术在设计阶段中的应用

1. 参数化建模

通过参数化驱动 BIM 模型，快速形成各种方案下的项目可视化情况。参数化建模的关键在于对构件信息（编号、结构参数、定位参数、尺寸参数等）和模型信息（空间、管线排布等）的把控，如图 8-2 所示。

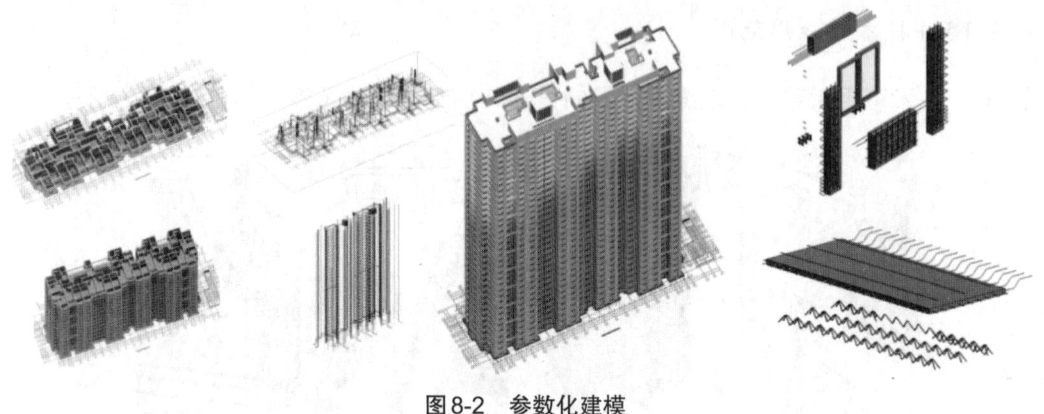

图8-2　参数化建模

2. 三维协调

利用 BIM 可视化功能，进行各专业的错、漏、碰、缺的核查，协助解决各专业美观、设计功能、安装检修等工作，如图 8-3 所示。

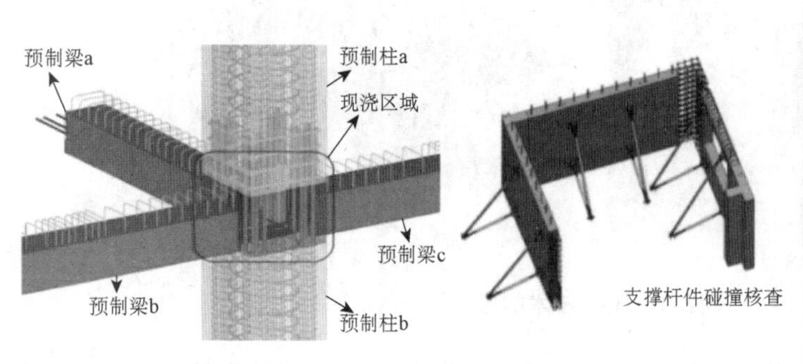

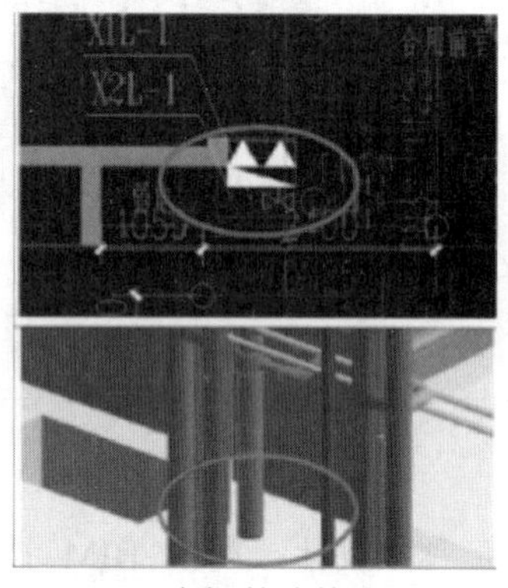

(a) 钢筋核查　　(b) 支撑杆件核查　　(c) 管线核查

图8-3　错、漏、碰、缺的核查

3. 构件连接节点深化设计

利用 BIM 可视化和参数化的特点，辅助项目重要连接节点的深入分析和推敲，快速形成各种方案，并和各项分析软件进行结合，多方位地保证项目质量及安全，如图 8-4 所示。

4. 施工图设计文件快速出图

利用 BIM 可出图性，准确快速地辅助出具图纸，提高设计工作效率，利用 BIM 参数化特点，快速出具各种方案下的二维图纸，如图 8-5 所示。

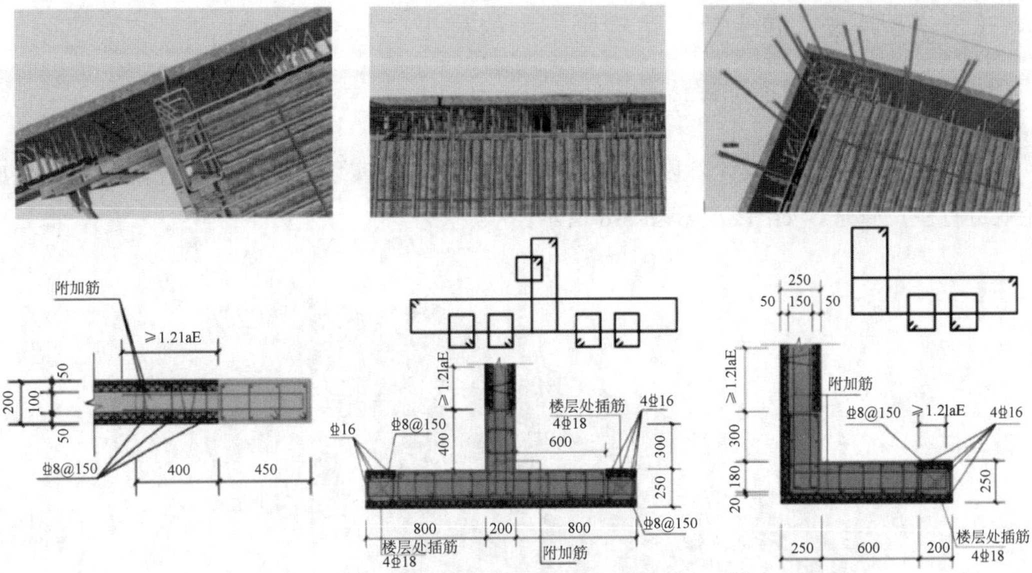

图8-4　构件连接节点深化设计

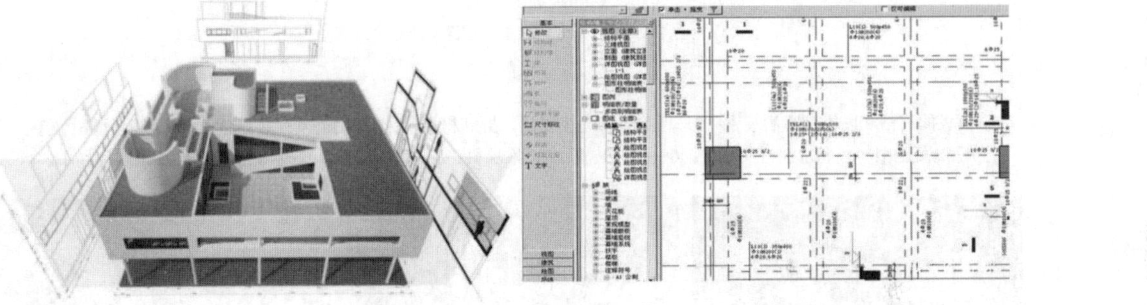

图8-5　施工图设计文件快速出图

5. 工程量统计

利用 BIM 构件模型统计单个 BIM 构件真实工程量，乘以由 BIM 总体模型导出的 BIM 构件数量，可快速实现装配式混凝土结构构件的精确工程量统计，如图 8-6 所示。

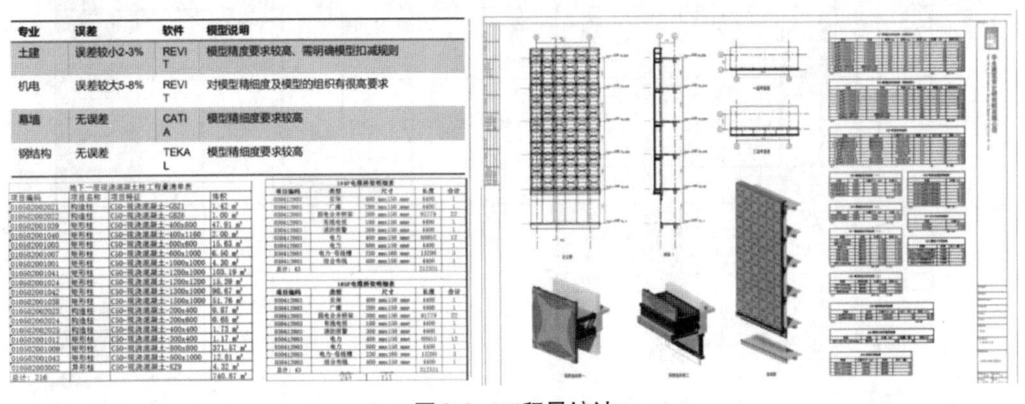

专业	误差	软件	模型说明
土建	误差较小2-3%	REVIT	模型精度要求较高、需明确模型扣减规则
机电	误差较大5-8%	REVIT	对模型精细度及模型的组织有很高要求
幕墙	无误差	CATIA	模型精细度要求较高
钢结构	无误差	TEKAL	模型精细度要求较高

图8-6　工程量统计

（三）BIM 技术在生产、运输阶段中的应用

1. 辅助工厂自动化生产与管理

通过数据转换，将设计阶段数据传递至加工厂，可实现自动生产，并辅助构件生产企业进行生产管理，如图 8-7 和图 8-8 所示。

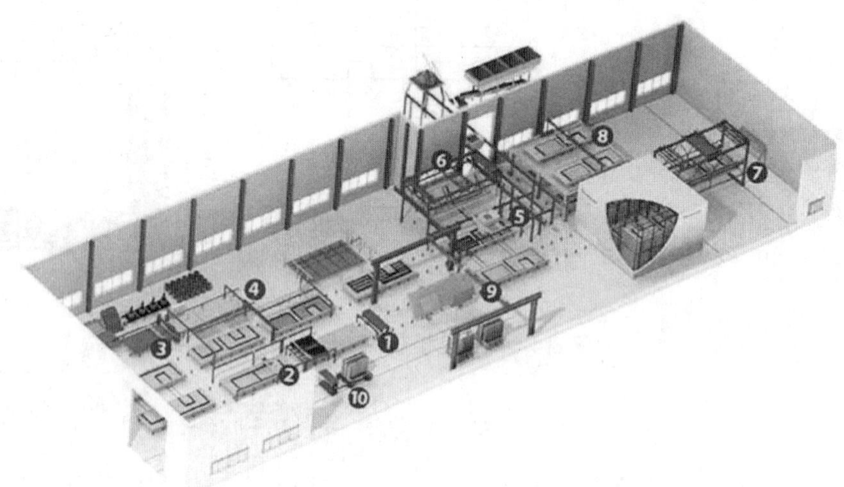

1—模板的清洁和脱模剂喷洒装置；2—标绘器和边模置放、拆卸机械手；3—钢筋网焊接设备；4—钢筋摆放机械手；5—混凝土喂料机和水泥密实装置；6—翻转装置；7—堆垛机；8—抹平装置；9—倾斜装置；10—预制件拖车。

图 8-7　辅助生产厂进行自动化生产

构件位置			构件编号	构件类	设计状	加工状态		运输状态		施工状态		质检状
楼栋	单元	楼层				计划	实际	计划	实际	计划	实际	
1#楼	1	1F	YZQ-01-01-01-01	预制墙	√	20150607 - 20150612	√	20150707 - 20150712	√	20150807 - 20170809	√	
	1	1F	DHB-01-10-01-01	叠合板	√							
	1	2F	YZQ-01-01-02-01	叠合板	√							
	1	2F	YZQ-01-01-02-01	叠合板	√							
	2	1F	YZQ-02-01-02-01	叠合板	√	20150807 - 20150816	√	20150907 - 20150916	×延迟两天	20151007 - 20151016	√	
	2	1F	YZQ-02-01-02-01	预制墙	√							
	2	1F	YZQ-02-01-02-01	叠合板	√							
	2	2F	YZQ-02-02-02-01	叠合板	√							
	2	1F	YZQ-02-01-02-01	预制墙	√							
	2	1F	YZQ-02-01-02-01	叠合板	√							
	2	2F	YZQ-02-02-02-01	叠合板	√							
	3	2F	YZQ-03-01-02-01	预制墙	√	20151011 - 20151031	√	20151111 - 20151131	√	20151113 - 20151118	×延迟两天	
	3	1F	YZQ-03-01-02-01	叠合板	√							
	3	3F	YZQ-03-03-02-01	预制墙	√							
	3	1F	YZQ-03-01-02-01	叠合板	√							
	3	1F	YZQ-03-01-02-01	叠合板	√							
	3	2F	YZQ-03-02-02-01	预制墙	√							
	3	1F	YZQ-03-01-02-01	叠合板	√							
	3	2F	YZQ-03-02-02-01	预制墙	√							
	3	3F	YZQ-03-03-02-01	叠合板	√							

图 8-8　辅助生产厂进行生产管理

2. 辅助构件运输与追踪

BIM 技术可以基于三维空间布置将相关的预制构件最大限度地放入对应的运输空间内，并用模拟手段保证运输的安全性。协助项目降低运输成本，减少构件破损率，如图 8-9 所示。

(a) 运输模型

(b) 二维码追踪

图 8-9　辅助构件运输与追踪

(四) BIM 技术在施工阶段中的应用

1. 施工图信息模型深化

BIM 技术在施工阶段按照施工现场真实情况对设计模型进行更新和深化，内容主要对缺失构件（支吊架模型、小管线、各设备管线末端或点位）进行添加；对已有构件形体及信息（各主要设备机房管线安装情况、各主要设备参数、主要部位施工信息、运维阶段模型信息等）的纠正和深化，如图 8-10 所示。

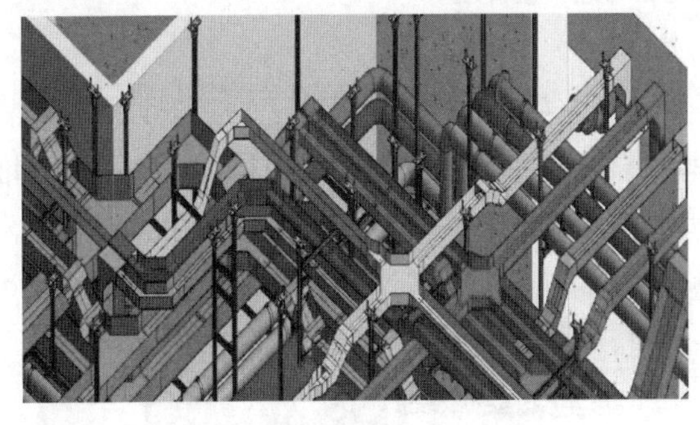

(a) 添加缺失构件

(b) 机房管线纠正和深化

图 8-10　施工图信息模型深化

2. 施工方案和施工安全措施的模拟

为了模拟施工现场，保证施工方案的可行及辅助施工管理，建立脚手架、各种临时支撑等措施模型，如图 8-11 所示。

图8-11　施工方案和施工安全措施的模拟

3. 现场场地布置管理

通过对现场场地进行虚拟模拟，进行项目施工现场流线模拟，评估现场材料堆叠合理性，避免风险及二次搬运等。通过模拟塔吊工作的半径，找出塔吊最佳布置位置，为后续的施工做好准备，如图 8-12 所示。

图8-12　现场场地布置管理

4. 现场构件堆放管理

预制构件运抵施工现场后，基于预制构件信息数据库中预存的堆放构件设施信息、堆放标准以及装配顺序，自动设定堆放序列并据此指导现场施工构件的堆叠，如图 8-13 所示。

图8-13　现场构件堆放管理

5. 施工进度模拟与管控

利用 BIM 技术的虚拟进度与实际进度的比对主要是将方案进度计划和实际进度的形象化表达，找出差异，分析原因，实现对项目进度的合理控制与优化，如图 8-14 所示。

图8-14　施工进度模拟与管控

6. 施工质量、安全管理

当装配式混凝土建筑施工过程中发生质量、安全问题时，可依据不同质量、安全问题在模型中进行构件标注。同时可将 BIM 构件导入移动端平台，由施工管理单位或监理单位现场对构件模型进行质量、安全检测，如发现问题及时拍照上传平台供其他参与方核实修正，如图 8-15 所示。

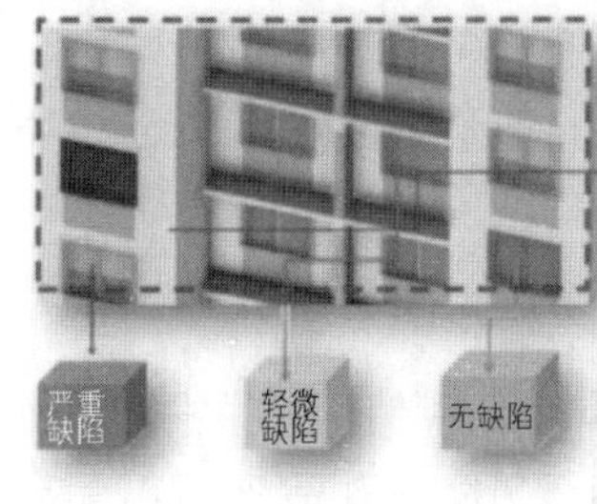

图8-15　施工质量、安全管理

7. 项目成本管理

利用 BIM 5D 技术实现项目成本管理，BIM 5D 是在 BIM 模型基础上增加时间维度后，再增加一个维度，目前 BIM 圈内普遍认为这个维度是成本，即 BIM 4D 加上成本。BIM 5D 集成了工程量、工程进度、工程造价，不仅能统计工程量，还能将建筑构件的 3D 模型与施工进度的各种工作（WBS）相链接，动态地模拟施工变化过程，控制实施进度和实时监控成本造价的实时，如图 8-16 所示。

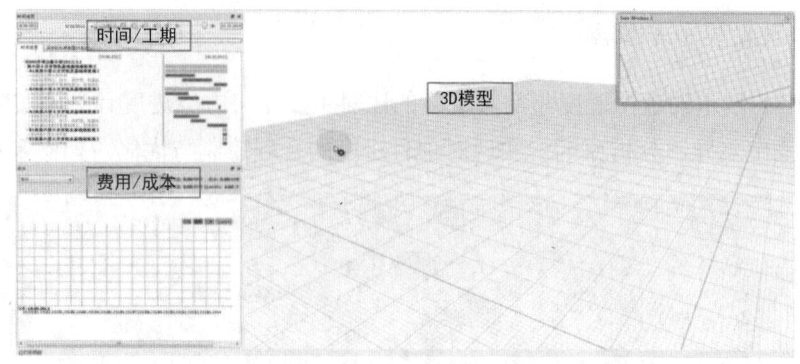

图8-16　项目成本管理

第三节　绿色施工

一、绿色施工的概念及意义

绿色施工是指工程建设中，在保证质量、安全等基本要求的前提下，通过科学管理和技术进步，最大限度地节约资源并减少对环境负面影响的施工活动，实现节能、节地、节水、节材和环境保护（“四节一环保”）。

绿色施工作为建筑全生命周期中的一个重要阶段，是实现建筑领域资源节约和节能减排的关键环节。实施绿色施工，应依据因地制宜的原则，贯彻执行国家、行业和地方相关的技术经济政策。绿色施工应是可持续发展理念在工程施工中全面应用的体现，绿色施工并不仅仅是指在工程施工中实施封闭施工，没有尘土飞扬，没有噪声扰民，在工地四周栽花、种草，定时洒水等这些内容，它涉及可持续发展的各个方面，如生态与环境保护、资源与能源利用、社会与经济的发展等内容。

二、绿色施工的原则

1）进行总体方案优化，在规划、设计阶段，充分考虑绿色施工的总体要求，为绿色施工提供基础条件。

2）对施工策划、材料采购、现场施工、工程验收等各阶段进行控制，加强整个施工过程的管理和监督。绿色施工的总体框架由施工管理、环境保护、节材与材料资源利用、节水与水资源利用、节能与能源利用、节地与施工用地保护六个方面组成。

三、绿色施工与绿色建筑

绿色施工不同于绿色建筑。《绿色建筑评价标准》（GB/T 50378—2019）中定义，绿色建筑是指在建筑的全寿命周期内，节约资源、保护环境、减少污染，为人们提供健康、适用、高效的使用空间，最大限度地实现人与自然和谐共生的高质量建筑。因此，绿色建筑体现在建筑物本身的安全、舒适、节能和环保，绿色施工则体现在工程建设过程的“四节一环保”。

绿色施工以打造绿色建筑为落脚点，又不局限于绿色建筑的性能要求，更侧重于过程控制。没有绿色施工，建造绿色建筑就成为空谈。

四、绿色施工与文明施工

绿色施工不同于文明施工。绿色施工除了涵盖文明施工外，还包括采用降耗环保型的施工工艺和技术，节约水、电、材料等资源。因此，绿色施工高于、严于文明施工。《绿色施工导则》（建质〔2007〕223 号）中对地下设施、文物和资源的保护，节材、节能措施等都有所规定。绿色施工也需要遵循因地制宜的原则，结合各地区不同自然条件和发展状况稳步扎实地开展，避免做表面文章而浪费资源。

参考文献

[1] 郝志强，钱冠龙. PC 关键节点钢筋套筒灌浆连接及应用质量控制[C]. 第六届中国（国际）预制混凝土技术论坛会刊，2016.

[2] 师为国. 装配式建筑企业项目成本管理研究[D]. 苏州：苏州大学，2016.

[3] 吕婉晖，孙其浩. 装配式建筑项目实施的影响因素研究[J]. 价值工程，2019，38（36）：89-91.

[4] 高安庆，朱清华，化子龙. 超高强钢筋接头灌浆料的试验研究[J]. 混凝土与水泥制品，2013，1（1）：16-19.

[5] 朱清华，刘兴亚，钱冠龙，等. 低负温钢筋连接用套筒灌浆料的应用研究[J]. 施工技术，2016，10（45）：49-51.